Die Bedeutung der Beta-1-Selektivität
für Klinik und Praxis

Die Bedeutung der Beta-1-Selektivität für Klinik und Praxis

Herausgegeben von
F. W. Lohmann

mit Beiträgen von
L. Geisler · J. Girndt · W. Kindermann
F. W. Lohmann · V. Pfaffenrath

Walter de Gruyter
Berlin · New York 1987

Prof. Dr. F. W. Lohmann
I. Innere Abteilung des
Krankenhauses Neukölln
Rudower Str. 48–56
D-1000 Berlin 47

Dieses Buch enthält 17 Abbildungen und 9 Tabellen.

CIP-Kurztitelaufnahme der Deutschen Bibliothek

Die Bedeutung der Beta-1-Selektivität
[Beta-eins-Selektivität] für Klinik und Praxis /
hrsg. von F. W. Lohmann. Mit Beitr. von L. Geisler ... – Berlin ;
New York : de Gruyter, 1987.
ISBN 3-11-011124-1
NE: Lohmann, Friedrich W. [Hrsg.]; Geisler, Linus [Mitverf.]

Satz und Druck: Buch und Offsetdruckerei Wagner GmbH, Nördlingen. – Bindearbeiten: Dieter Mikolai, Berlin. – Umschlagentwurf: Rudolf Hübler, Helmut Holtermann, Berlin.

Vorwort

Beta-Rezeptorenblocker sind heute bei der Behandlung kardialer Erkrankungen (die verschiedenen Manifestationen der koronaren Herzkrankheit, bestimmte Formen tachykarder Herzrhythmusstörungen und Kardiomyopathien) sowie zur Behandlung der arteriellen Hypertonie unentbehrlich. Zu diesen kardiovaskulären Zielindikationen für eine Beta-Rezeptorenblockade sind weitere Indikationsgebiete hinzugekommen (z. B. Migräneprophylaxe). Der therapeutische Effekt der Beta-Rezeptorenblocker ist bei diesen Indikationsgebieten an die Blockade der Beta-1-Rezeptoren gebunden, wie sie überwiegend durch die beta-1-selektiven Rezeptorenblocker möglich ist. Nicht selektive (gemischte) Beta-Rezeptorenblocker, welche gleich stark Beta-1- und Beta-2-Rezeptoren besetzen, haben in diesem Zusammenhang keine zusätzlichen therapeutischen Vorteile, sondern schränken vielmehr durch die unnötige Hemmung der über Beta-2-Rezeptoren gesteuerten Organfunktionen die subjektive und objektive Verträglichkeit einer Beta-Rezeptorenblockade ein.

Von den pharmakologischen Eigenschaften der Beta-Rezeptorenblocker ist für die Langzeittherapie in erster Linie die Beta-1-Selektivität von grundsätzlicher Bedeutung. Das vorliegende Buch belegt in 5 Beiträgen zur Bedeutung der Beta-1-Selektivität für Klinik und Praxis diese Aussage. Es wird dabei zu folgenden Fragestellungen besonders Stellung genommen: Behandlung der Hypertonie in der Schwangerschaft, die Bedeutung der Beta-Rezeptorenblocker bei der Migräne-Therapie, Beta-Rezeptorenblockade und Lungenfunktion, die Beeinflussung der körperlichen Leistungsfähigkeit durch Beta-Rezeptorenblocker, die Vorteile der beta-1-selektiven Rezeptorenblockade unter besonderer Berücksichtigung des Diabetes mellitus.

Grundlage zu diesem Buch waren Vorträge, die anläßlich der Medica in Düsseldorf im November 1985 zu diesem Thema gehalten wurden. Das Buch soll dazu beitragen, das vortreffliche Behandlungsprinzip der Beta-Rezeptorenblockade optimal zum Einsatz zu bringen und damit dem Wohle unserer Patienten zu dienen.

Berlin, im April 1986 F. W. Lohmann

Inhalt

Therapie der Hypertonie in der Schwangerschaft

J. Girndt

Es gibt keine in allen Punkten befriedigende und einheitlich angewandte Nomenklatur der verschiedenen Hochdruckformen in der Schwangerschaft. Die älteren Bezeichnungen Toxämie und Toxikose sind gegenstandslos, da kein Toxin nachgewiesen werden konnte. Am weitesten verbreitet, obschon ebenfalls nicht in allen Punkten zweckmäßig, ist die Nomenklatur des American College of Obstetricians and Gynecologists. Diese Nomenklatur differenziert folgende Formen von Schwangerschaftshypertonie:

1. Präeklampsie und Eklampsie
2. Chronische Hypertonie
3. Chronische Hypertonie mit aufgelagerter Präeklampsie
4. Transitorische Hypertonie.

Unter Präeklampsie wird eine schwangerschaftsspezifische Erkrankung verstanden, die zu einer Proteinurie und einer Hypertonie führt und mit der Gefahr der Entwicklung einer Eklampsie belastet ist. Neuere Studien zeigen jedoch, daß die Symptomatologie Proteinurie und Hypertonie, auch wenn sie erstmalig in der Schwangerschaft in Erscheinung tritt, häufig nicht auf schwangerschaftsspezifische Pathogenese zurückzuführen ist. Wenn eine schwangerschaftsspezifische Pathogenese besteht, sprechen wir von einer Gestose. Das morphologische Substrat der Gestose ist die Endotheliose. Tabelle 1 zeigt nach einer umfangreichen biotopischen Untersuchung, daß die Präeklampsiesymptomatik bei Erstgebärenden in mindestens 15% und bei Mehrgebährenden in mindestens 50% nicht Ausdruck einer glomeru-

Tabelle 1 Nierenbioptische Befunde bei 176 Schwangeren mit Präeklampsie (Fisher et al. 1980)

	Anzahl	Erstgebärende	Mehrgebärende
Glomeruläre Endotheliose	96	79	17
mit Nephrosklerose	13	6	7
mit Nierenerkrankung	3	1	2
mit beiden	2	1	1
Nephrosklerose	19	3	16
mit Nierenerkrankung	4	2	2
Nierenerkrankung	31	12	19
Normalbefund	8	0	8

lären Endotheliose ist, sondern auf Veränderungen zurückgeführt werden muß, die als Glomerulonephritis oder Nephrosklerose anzusprechen sind. Andere Arbeitsgruppen fanden in ihrem Untersuchungsgut eine Endotheliose sogar noch sehr viel seltener und ganz überwiegend eine Glomerulonephritis.

Eine Hypertonie, aber auch die Kombination von Blutdrucksteigerung und Proteinurie kann bei einer Schwangeren nicht selten die Folge einer vorbestehenden oder erstmalig apparent gewordenen Hochdruck- oder Nierenkrankheit sein. Derartige Fälle werden mit zunehmendem Lebensalter der Mütter häufiger. Bei vorbestehender Nieren- oder Hochdruckkrankheit kann es zudem zu einer schwangerschaftsspezifischen Verschlechterung der Symptomatik mit Zunahme von Eiweißausscheidung und Blutdrucksteigerung kommen. Wir sprechen dann von einer Propfgestose. Bei Vorliegen einer Glomerulonephritis muß in einer Häufigkeit zwischen 16 und 50% mit der Entwicklung einer Propfgestose gerechnet werden.

Tabelle 2 Schwangerschaftsverläufe bei Patientinnen mit Glomerulonephritis

	Proteinurie			Proteinurie und Hypertonie		
	n	fetale Mortalität %	Präe-klampsien %	n	fetale Mortalität %	Präe-klampsien %
Werko u. Bucht	10	0	0	8	38	38
Wilson	35	5	12	18	39	50
Kaplan et al.	23	4	30	9	22	67
Mackay	46	17	35	63	60	
Felding	43	4,5	6,8	12	50	41
Studd und Blainey	19	0	16	13	16	90
Total	176	7	16,6	123	45	57,2

Es gibt zudem eine schwangerschaftsspezifische Blutdrucksteigerung, die ohne Proteinurie einhergeht. Diese Form tritt kennzeichnenderweise im dritten Trimester auf und klingt bis zum 10. Tag nach der Entbindung wieder ab. Sie wird als transitorische Schwangerschaftshypertonie bezeichnet. Es ist offen, ob es sich bei der transitorischen Schwangerschaftshypertonie um eine Entität handelt. In manchen Fällen mag eine monosymptomatische Gestose vorliegen. In vielen Fällen handelt es sich aber sicherlich um bisher inapparente und nur vorübergehend in der speziellen Situation der Schwangerschaft demaskierte essentielle Hochdruckverläufe. Dafür spricht auch, daß sich eine transitorische Schwangerschaftshypertonie in mindestens 80% der Fälle in nachfolgenden Schwangerschaften wiederholt.

Jede Blutdrucksteigerung in der Schwangerschaft, insbesondere aber die Formen, die mit einer Proteinurie einhergehen, bergen die Gefahr der Entwicklung einer Eklampsie in sich. Es kann im Gehirn zu einem Oedem oder zu disseminierten Blutungen, schlimmstenfalls sogar zu einer Massenblutung, kommen. Eine Eklampsie bedeutet

Tabelle 3 Die verschiedenen Formen der Schwangerschaftshypertonie

	Genuine Gestose	Chronische Hypertonie	Propfgestose	Transitorische Schwangerschafts-hypertonie
Auftreten	Fast ausschließlich bei Erstgebärenden	Häufiger bei Mehrgebärenden Wiederholung in nachfolgenden Schwangerschaften		
Begünstigende Faktoren	Familiäre Gestosebelastung, jugendliches Alter, Hydramnion, Blasenmole Hydrops foetalis, Mehrlingsschwangerschaft	Zunehmende Inzidenz mit zunehmendem Lebensalter	Nieren- oder Hochdruckkrankheit	Familiäre Hochdruckbelastung
Proteinurie	obligat	bei renaler Hypertonie möglich	obligat	keine
Gefahr der Eklampsie	groß	geringer	groß	gering
Beeinträchtigung der foetalen Entwicklung	stark	unterschiedlich, je nach Schwere der Grundkrankheit	stark	keine

stets eine große unmittelbare Gefährdung für die Frau. Sie hat auch heute noch eine hohe Mortalität. Erstes Ziel der Hochdruckbehandlung in der Schwangerschaft ist es, die Entwicklung einer Eklampsie zu verhindern oder eine drohende Eklampsie zu kupieren.

Auch die Prognose des Kindes ist insbesondere bei den Hochdruckformen der Mutter beeinträchtigt, die mit einer Proteinurie einhergehen. Bei dieser Konstellation findet sich eine starke Erhöhung der Rate der Fehlgeburten und der perinatalen Mortalität. Es gibt heute gute Anhaltspunkte dafür, daß durch eine effektive antihypertensive Behandlung einer Schwangeren die Entwicklung einer Proteinurie verhindert oder deren Ausmaß reduziert werden kann. Wenn sich diese Hinweise bestätigen, so kommt der Hochdruckbehandlung in der Schwangerschaft größte prognostische Bedeutung zu, und zwar nicht nur für die Mutter, sondern möglicherweise in vielen Fällen auch für das Kind.

In der ersten Hälfte der Schwangerschaft kommt es sowohl bei normotensiven als auch bei primär hypertensiven Frauen oftmals zu einem Blutdruckabfall um 10 bis 15 mmHg. Die Häufigkeit der Schwangerschaftshypertonie wird daher unterschätzt, wenn die Blutdruckwerte, die in der Spätschwangerschaft gemessen werden, mit Meßwerten aus dem Zeitraum vor der Schwangerschaft verglichen werden. Aus diesem Grunde hat das American Committee on Maternal Welfare als erhöhte Blutdruckwerte in der Schwangerschaft definiert:

1. einen systolischen Blutdruckwert von 140 mmHg oder mehr oder
2. einen diastolischen Blutdruckwert von 90 mmHg oder mehr oder

3. einen Anstieg des systolischen Blutdrucks um mindestens 30 mmHg über die Werte am Beginn der Schwangerschaft oder
4. einen Anstieg des diastolischen Blutdrucks um mindestens 15 mmHg über die Werte am Beginn der Schwangerschaft.

Bei der Messung und Bewertung eines Blutdrucks einer Schwangeren ergeben sich allerdings einige Unterschiede im Vergleich zur Messung und Bewertung des Blutdrucks außerhalb der Schwangerschaft:

1. Der Blutdruck sollte im Sitzen gemessen werden. Im Liegen kann der Blutdruck deutlich niedriger sein.
2. Während der Schwangerschaft wird der diastolische Blutdruck nicht bei Aufhören der Korotkoffgeräusche (Phase V), sondern beim Leiserwerden der Korotkoffgeräusche (Phase IV) bestimmt. Elektronische Blutdruckmeßgeräte sind daher nicht geeignet.
3. Besonders in der Spätschwangerschaft kann es zu einer Umkehr des zirkadianen Rhythmus des Blutdrucks mit abendlichen und nächtlichen Blutdrucksteigerungen kommen. Morgens gemessene Blutdruckwerte sind häufig niedriger und nicht repräsentativ für die vorliegende Risikokonstellation.

In manchen Fällen lassen sich die verschiedenen Formen der Schwangerschaftshypertonie ganz gut differenzieren, in manchen Fällen ist aber eine sichere Einordnung während des Schwangerschaftsverlaufes möglich.

Da in manchen Fällen keine sichere Differenzierung der verschiedenen Formen der Schwangerschaftshypertonie gelingt, müssen die Behandlungsmaßnahmen unabhängig von der zugrundeliegenden Ursache sein. Vor jeder Verordnung von Medikamenten wird man – ganz besonders in der Schwangerschaft – allgemeine Maßnahmen zur Blutdrucksenkung ausschöpfen. Diese bestehen in Schonung, Vermeidung von Belastungen und körperlichen Anstrengungen sowie in Bettruhe. Der blutdrucksenkende Effekt der Bettruhe, vorzugsweise in Linksseitenlage, ist in der Schwangerschaft deutlich ausgeprägter, als außerhalb derselben. Die sonst in der Hochdrucktherapie bewährte Kochsalzbeschränkung kann dagegen in der Schwangerschaft nicht allgemein empfohlen werden. Nach kalorien- und kochsalzbeschränkter Diät sind verminderte Geburtsgewichte der Neugeborenen festgestellt worden.
Jede medikamentöse Blutdrucksenkung in der Schwangerschaft sollte nur allmählich durchgeführt werden, im allgemeinen nicht unter diastolische Blutdruckwert von 80 mmHg hinausgehen und engmaschig kontrolliert werden. Lediglich bei drohender oder manifester Eklampsie ist eine sofortige Blutdrucknormalisierung erforderlich. Allgemein werden nur solche Antihypertensiva eingesetzt, für die eine Eignung in dieser speziellen Situation und eine Unschädlichkeit für die Entwicklung des Foeten nachgewiesen ist. Eine ungeeignete blutdrucksenkende Medikation wird mit dem Eintritt der Schwangerschaft ausschleichend beendet und, falls erforderlich, mit geeigneten Antihypertensiva fortgesetzt.

Tabelle 4 Medikamentöse Hochdrucktherapie in der Schwangerschaft

Studie	Interventionsgrenzen	Verwendete Antihypertensiva	Ergebnis der Studie
Redman et al. 1976	Vor der 28 SSW 140 mmHg systolisch oder 90 mmHg diastolisch, nach der 28 SSW 150 mmHg systolisch oder 95 mmHg diastolisch	Methyldopa, (Tagesdosen 0,5 bis 4,0 g) Plazebo-kontrolliert	In der Therapiegruppe Reduktion der Zahl der Aborte
Sandström 1978	140 mmHg systolisch oder 90 mmHg diastolisch	Thiaziddiuretikum + Metoprolol (Tagesdosen 50–200 mg) im Vergleich zu Thiaziddiuretikum + Hydralazin (Tagesdosen 30–200 mg)	In der Metoprololgruppe Verminderung der perinatalen Mortalität, Verhinderung einer Wachstumsretadierung des Feten
Rubin et al. 1983	140 mmHg systolisch oder 90 mmHg diastolisch (ausnahmslos 3. Trimester)	Atenolol (Tagesdosis 100 mg) Plazebo-kontrolliert	In der Therapiegruppe Verhinderung der Entwicklung einer Proteinurie, Reduktion der Krankenhausaufenthalte

Über viele Antihypertensiva liegt, was ihre Eignung zur Behandlung der Schwangerschaftshypertonie angeht, nur unzureichende Information vor. Mit einigen Antihypertensiva wurden jedoch in umfangreichen Studien hinreichende Erfahrungen gewonnen.

Somit können einige Antihypertensiva als zur Behandlung der Schwangerschaftshypertonie erwiesenermaßen geeignet bezeichnet werden. Bei anderen Antihypertensiva ist ein nachteiliger Effekt bekannt, so daß diese in der Schwangerschaft als kontraindiziert anzusehen sind.

1. Geeignete Antihypertensiva zur Behandlung der Schwangerschaftshypertonie sind:

- Beta-1-selektive Rezeptorenblocker (Acebutolol, Atenolol, Metoprolol); die Behandlung mit Beta-Rezeptorenblockern sollte nach Möglichkeit 24 bis 48 Stunden vor der Entbindung beendet werden, um Frequenzsenkungen des Neugeborenen zu vermeiden.
- Methyldopa; ein Beginn der Methyldopa-Therapie zwischen der 16. und 20. Schwangerschaftswoche sollte vermieden werden, weil sonst mit einer Verminderung der Kopfumfänge der Neugeborenen zu rechnen ist.

2. Nicht geeignete Antihypertensiva zur Behandlung der Schwangerschaftshypertonie:

- Reserpin, da es zu Atmungsschwierigkeiten des Neugeborenen infolge von Schleimhautschwellungen kommen könnte

- Kalziumantagonisten vom Nifedipintyp, da eine embryotoxische Nebenwirkung bekannt ist
- Captopril, da in Tierversuchen eine erhöhte fetale Mortalität gefunden wurde
- nicht-beta-1-selektive Rezeptorenblocker, da bei eventuell notwendig werdender tokolytischer Therapie der Effekt eines beta-adrenergen Tokolyticums beeinträchtigt werden könnte
- Diuretika, da bei vielen Formen der Schwangerschaftshypertonie das Plasmavolumen reduziert ist und eine weitere Reduktion des Plasmavolumens die uteroplazentare Durchblutung beeinträchtigt und zu niedrigen Geburtsgewichten des Neugeborenen führt. Diuretika sind zudem, wie in mehreren Studien gezeigt wurde (Tab. 5), nicht in der Lage, die Entwicklung einer Präeklampsie zu verhindern. Der Einsatz von Diuretika in der Schwangerschaft sollte daher auf wenige Ausnahmesituationen beschränkt bleiben, in denen eine gleichzeitige Steigerung des intraversalen Volumens, etwa durch Albuminsubstitution, erfolgt.

Tabelle 5 Diuretika zur Prophylaxe der Präeklampsie

	Diuretikum		Plazebo	
	Fallzahl	Präeklampsie %	Fallzahl	Präeklampsie %
Weseley et al. 1962	131	10,7	136	10,3
Flowers et al. 1962	137	3,0	73	4,1
Fallis et al. 1964	34	11,8	40	45
Landesmann et al. 1965	1 370	10,1	1 336	13,1
Kraus et al. 1965	195	10,1	210	6,7
Tervilä und Vartiainen 1971	108	5,6	103	1,9

Geeignete Antihypertensiva in der Schwangerschaft sind Rezeptorenblocker mit hoher Beta-1-Selektivität und Methyldopa. So können die Beta-Blocker Atenolol (Tenormin) in Tagesdosen bis 100 mg, Metoprolol (Beloc, Lopresor, Prelis) in Tagesdosen bis 200 mg gegeben werden. Methyldopa (Aldometil, Methyldopa-Stada, Presinol, Sembrina) wird in Tagesdosen zwischen 250 und 2000 mg verabfolgt. Bei Beginn der Methyldopa-Therapie zwischen der 16. und 20. Schwangerschaftswoche sind verminderte Kopfumfänge der Neugeborenen festgestellt worden. Eine Beeinträchtigung neurologischer Funktionen oder der intellektuellen Entwicklung fand sich zwar bei Langzeitbeobachtungen der Kinder über mehr als 7 Jahre nicht, trotzdem sollte der Beginn einer Methyldopa-Therapie in dieser sensiblen Phase vermieden werden. Nach Verabfolgung einiger der genannten Beta-Rezeptorenblocker sind Herzfrequenzsenkungen bei den Neugeborenen gefunden worden. Es wird daher empfohlen, nach aller Möglichkeit die Verabfolgung der Beta-Blocker 24 bis 48 Stunden vor der Entbindung zu beenden.

Es könnte befürchtet werden, daß Beta-Rezeptorenblocker ohne hohe Beta-1-Spezifität eine vorzeitige Wehentätigkeit auslösen oder die Uterusmotilität erhöhen könnten. Im Tierexperiment ist in der Tat ein derartiger Effekt nachgewiesen worden. Studien, in denen beta-1-spezifische Rezeptorenblocker in den oben genannten Dosen verabfolgt wurden, haben aber keinerlei Hinweise auf eine vorzeitige Auslösung der Wehen oder einen nachteiligen Effekt der Pharmaka auf den Geburtsverlauf erbracht. Untersuchungen mit der Kombination eines beta-2-adrenergen Toklyticums und mittleren Dosen beta-1-spezifischer Rezeptorenblocker haben gezeigt, daß der Tokolyseeffekt, gemessen an Tokolysedauer und Prolongationsindex, nicht beeinträchtigt wird. Bei gewährleistetem Therapieerfolg werden im Gegenteil die kardialen Nebenwirkungen der Beta-Stimulation kupiert. Die Aussage, daß Beta-Rezeptorenblocker zur Behandlung der Schwangerschaftshypertonie geeignet seien, ist daher auf hoch-beta-1-selektive Substanzen in mittleren Tagesdosen zu beschränken.

Sowohl Methyldopa als auch beta-1-selektive Rezeptorenblocker wirken nur relativ langsam blutdrucksenkend. Bei schwerer Hypertonie, etwa ab diastolischen Blutdruckwerten von 120 mmHg, und vor allem dann, wenn neben der Blutdrucksteigerung in der Schwangerschaft eine Proteinurie vorliegt und sich bereits neurologische Symptome finden, die auf eine drohende Eklampsie hinweisen, wie anhaltende schwere Kopfschmerzen, Sehstörungen, Hyperreflexie, ist eine sofortige Blutdrucksenkung erforderlich. In dieser Situation wird Dihydralazin parenteral in einer Initialdosis von 6,25 mg (¼ Ampulle Nepresol) verabfolgt. Die Weiterbehandlung erfolgt in schrittweise zu steigernden Dosen von 4–8–12 mg pro Stunde oder mehr, bis der diastolische Blutdruckwert zwischen 80 und 90 mmHg liegt. Die antihypertensive Medikation wird in dieser Situation kombiniert mit antikonvulsiven Maßnahmen, wie der Gabe von Magnesiumsulfat und einer medikamentösen Sedierung, etwa mit Diazepam. Bei tachykarden Reaktionen während der Verabfolgung von Dihydralazin oder bei unzureichender blutdrucksenkender Wirkung, ist eine Kombination mit kleinen Dosen eines beta-1-selektiven Rezeptorenblockers sinnvoll. Nach aller Möglichkeit wird in dieser Situation auch eine baldige Einleitung der Geburt anzustreben sein.

Literatur

Girndt, J.: Hypertonie bei Schwangerschaft und Kontrazeption. In: Lehrbuch der Hypertonie 358 (Ganten, D. und E. Ritz) Schattauer, Stuttgart – New York 1985.

Redmann, C. W. G., L. J. Beilin, J. Bonnar et al.: Fetal outcome in trial of antihypertensive treatment in pregnancy Lancet II (1976) 753.

Rubin, P. C., L. Butters, D. Clark et al.: Placebo controlled trial of atenolol intreatment of pregnancy associated hypertesion Lancet I (1983) 431.

Sandström, B.: Antihypertensive treatment with the adrenergicreptor blocker metoprolol during pregnancy Gynecol. Obsted Invest. 9 (1978) 195.

Die Bedeutung der Beta-1-Selektivität bei der Migräne

V. Pfaffenrath

Etwa 2% der Bevölkerung leiden an einer Migräne [1]. Die Ätiologie dieses Kopfschmerz-Syndroms ist immer noch ungeklärt. Ein Tiermodell fehlt bis heute und nicht wenige Migränologen bezweifeln, daß es je möglich sein wird, dieses Kopfschmerz-Syndrom am Tiermodell nachzuvollziehen.

Die Klassifizierung der verschiedenen Formen der Migräne richtet sich deshalb im wesentlichen nach der klinischen Symptomatologie [2], was zu einer verwirrenden Vielfalt von Bezeichnungen und Synonyma geführt hat. Nach der Definition der World Federation of Neurology (WNF) [3] handelt es sich bei: „der Migräne um eine Erkrankung, die eine familiäre Belastung aufweist und in Attacken auftritt, wobei Intensität, Frequenz und Dauer der Kopfschmerzen deutlich variieren. Der Kopfschmerz zeigt eine überwiegende Einseitigkeit, begleitet von Übelkeit, Brechreiz und Erbrechen; damit verbunden können sein neurologische Ausfälle bzw. Stimmungsschwankungen. Diese Charakteristika müssen nicht notwendigerweise bei jeder Attacke oder bei jedem Patienten auftreten".

In dieser Definition sind eingeschlossen die gewöhnliche, die klassische und die komplizierte Migräne [4].

Das klinische Bild

Die übliche Dauer der Einzelattacke beträgt einen halben Tag bis drei Tage, definitionsgemäß soll eine Mindestdauer von zwei bis drei Stunden nicht unterschritten werden. Gewöhnlich setzen die Kopfschmerzen nachts ein oder die Patienten erwachen mit einer Migräne. Die Attacke ist begleitet von Lärm- und Lichtempfindlichkeit, außerdem von Übelkeit, Brechreiz und gelegentlichem Erbrechen. Fakultative Symptome sind eine Raynaud-Symptomatik, eine Flüssigkeitsretention, eine Diarrhoe oder eine Polyurie nach der Attacke. Vor der Attacke kann es als sogenannte prämonitorische Zeichen zu depressiver Verstimmung, erhöhter Irritabilität oder auch zu einer Hyperaktivität kommen. Dem Migränekopfschmerz vorausgehen kann eine Auraphase, d. h. ein Erahnen der kommenden Attacke. Prodromal-Symptome sind Teil der Migräne-Attacke und dauern üblicherweise bis zu 60 Minuten, gefolgt vom Kopfschmerz. Solche Prodromal-Symptome sind z. B. Sehstörungen, seltener fokal-neurologische Ausfälle, wie Aphasien und sensibelmotorische Halbseitensymptome.

Bei der *gewöhnlichen* Migräne [5] treten keine fokalneurologischen Ausfälle auf. Unter dieses Kopfschmerz-Syndrom werden subsummiert die sogenannte *faziale* Migräne, die Karotidynie [6] und die sogenannte *menstruelle* Migräne [7].

Die *klassische* Migräne ist gekennzeichnet durch die sogenannte *visuelle Aura*. Charakteristisch ist ein parazentrales Skotom, das langsam im Gesichtsfeld von innen nach außen wandert und dabei an Größe gewinnt. Diese visuelle Aura kann mit und ohne begleitendes neurologisches Defizit auftreten. Wenn die visuelle Aura länger als 30 Minuten anhält bzw. neurologische Ausfallserscheinungen Stunden und Tage oder länger als die Migräne-Attacke selbst andauern, bzw. sich in seltenen Fällen ein permanentes neurologisches Defizit entwickelt, spricht man von einer *komplizierten* Migräne.

Dazu gehören die *hemiplegische* Migräne [8] mit einer überwiegend rein sensiblen, seltener sensibel-motorisch bzw. rein motorischen Halbseitensymptomatik, die *retinale* Migräne [9], die *basiläre* Migräne und die *ophthalmoplegische* Migräne [11].

Pathophysiologie der Migräne – aktuelle Hypothesen

Die Auraphase der Migräne soll durch eine Konstriktion intrazerebraler, meist kleiner Arterien hervorgerufen werden, gefolgt von einer sekundären Gefäßdilatation [12]. Vermutet wird außerdem die Eröffnung arterio-venöser Shunts [13] und die vorübergehende Blockade kleiner Gefäße durch zirkulierende Thrombozytenaggregate [14]. Danach soll der Migräneschmerz als Konsequenz von intra- und extrakraniellen Gefäßkaliberschwankungen entstehen, die durch die Freisetzung von Serotonin und anderen vasoaktiven Substanzen aus Thrombozyten hervorgerufen wird. Die Prodromalphase der Migräne, die durch neurologische Ausfälle charakterisiert ist, soll Folge einer zerebralen Oligämie auf dem Boden einer intrakraniellen Vasokonstriktion sein. Die sich daran anschließende Phase der Vasodilatation, die vor allen Dingen extrakranielle Gefäße betreffen soll, wird verantwortlich gemacht für den pulsierenden Kopfschmerz. Insgesamt sind mit einer solchen Hypothese nicht vereinbar die Unilateralität und das attackenweise Auftreten des Kopfschmerzes, dessen umschriebene Lokalisation und die Tatsache, daß Vasodilatantien keinen migräneartigen Kopfschmerz hervorrufen. Nach Gowers [15] muß man, geht man von einer vaskulären Hypothese aus, die Uniformität der Migräne-Symptome berücksichtigen. Diese wäre nur dadurch zu erklären, daß sich in einem umschriebenen Bereich des Gehirnes ein initialer Vasospasmus abspielen müßte, daß die Vasokonstriktion sich immer im selben Gefäßterritorium abspielt und dort zu einer definierten, uniformen Funktionsstörung führt. Serotonin (5-HT) ist immer noch eine Schlüsselsubstanz in der Migräne-Pathophysiologie. Fast 95% des im Blut zirkulierenden 5-HT wird in den Thrombozyten gespeichert. Die Freisetzung von thrombozytärem 5-HT erfolgt im Rahmen der sogenannten Freisetzungsreaktion (release reaction). Die Thrombozyten von Migränikern sollen generell leichter aggregieren als die gesunder Kontrollpersonen. Die thrombozytäre 5-HT-Freisetzung zu Beginn der Migräne-Attacke führt zu einem signifikanten Anstieg von freiem Plasma-5-HT. Zahlreichen Untersuchungen zufolge waren die Plättchen-5-HT-Spiegel während der Migräne-Attacke im Vergleich zum kopfschmerzfreien Intervall deutlich erniedrigt. Das freigesetzte 5-HT wird rasch zu 5-Hydroxyindolessigsäure (5-HIAA) metabolisiert, welches dann im Urin ausgeschieden wird [16, 17]. 5-HT besitzt sowohl in vivo als auch in vitro starke vasoaktive Eigenschaften. Sein direkter Effekt auf die intrakraniellen Gefäße ist vom Gefäßtonus und -kaliber abhängig: Bei hohem Tonus erfolgt eine Vasodilatation, bei niedrigem Tonus eine Vasokonstriktion, wobei die Dilatation durch beta-adrenerge Rezeptoren vermittelt wird und die Konstriktion durch 5-HT-Rezeptoren. Auf große Arterien wirkt 5-HT gefäßverengend, an kleinen Arteriolen hat es einen dilatierenden Effekt. Dementsprechend soll die initiale thrombozytäre 5-HT-Freisetzung zu Beginn der Migräne-Attacke zu einer Vasokonstriktion intrazerebraler Gefäße führen, seine Metabolisierung in einer Art Rebound-Effekt eine extrakranielle Vasodilatation hervorrufen.

5-HT wird im Gehirn in serotonergen Neuronen aus L-Tryptophan synthetisiert. Serotonerge Neurone finden sich überwiegend in der Raphe des Hirnstammes. Die Axone der rostralen Zellgruppen dieses Hirnareales erstrecken sich bis in den frontalen Cortex, den Hypothalamus, das Corpus striatum, das Corpus callosum, den Bulbus olfactorius und den Hypokampus. Die kaudalen Zellverbände stehen mit der Pons, der Medulla oblongata, dem Kleinhirn und dem Rückenmark in Verbindung. Serotoninhaltige Nervenendigungen sind also mehr oder weniger über das gesamte Gehirn verteilt. 5-HT hat eine inhibitorische Wirkung auf die Entladungsfrequenz sowohl prä- als auch postsynaptischer Neurone. Durch Bindung von 5-HT an den postsynaptischen Rezeptor wird das membrangebundene Enzym Adenylatzyklase aktiviert, welches die Umwandlung von ATP in cyclo-AMP (c-AMP) katalysiert. Darüber hinaus gibt es Hinweise auf eine Wechselwirkung zwischen adrenergen und serotonergen Schaltkreisen, d.h., daß indirekt über das zentrale adrenerge System sekundär serotonerge Neurone beeinflußt werden; Übersicht s. [17].

Die neurale Hypothese

Moderne Vorstellungen [18, 19] gehen davon aus, daß 5-HT – freigesetzt aus perivaskulären Terminals im Bereich der Raphe nuclei des Hirnstammes und aus Thrombozyten – zu einer Stimulation von Schmerzafferenzen in der zerebralen Gefäßwand führt. Die Schmerzafferenzen werden im wesentlichen über den Nervus ophthalmicus des Nervus trigeminus (der praktisch alle Hirngefäße versorgt) fortgeleitet. Sie führen über einen axonalen Reflex – mit Freisetzung von Substance p als auch durch Reflex-Aktivitation des Nervus petrosus superficialis aus dem Nervus facialis – zu einer extrakraniellen Vasodilatation. Die Vasodilatation, die aus der Reflexaktivation des Nervus petrosus superficialis resultiert, wird wahrscheinlich über vasoaktives intestinales Polypeptid (VIP) hervorgerufen. Serotonin führt über trigemino-vasale Verbindungen antidrom zu einer Freisetzung von Substance p in die Gefäßwand, was zu einer Gefäßdilatation und zu einer Erhöhung der Gefäßpermeabilität führt. Substance p aktiviert darüber hinaus Makrophagen und Mastzellen mit konsekutiver Thromboxan-Synthese und lokaler Histaminfreisetzung. Aus der Zirkulation stammendes Serotonin sensibilisiert die Hirngefäße für schmerzinduzierende Substanzen wie z. B. Histamin, Bradykinin und Prostaglandine [20]. Obwohl eine zerebrale Vasodilatation per se nicht zu Schmerzen führen muß, kann sie dann als schmerzhaft empfunden werden, wenn die Gefäße durch Serotonin und Bradykinin vorsensibilisiert sind [21]. In diesem Zusammenhang ist interessant, daß tierexperimentell bei Elektrostimulation des Locus coerulus eine Vasokonstriktion im Ausbreitungsgebiet der Arteria carotis interna und eine Vasodilatation im Bereich der Carotis externa nachgewiesen werden konnte [18]. Der Locus coerulus projeziert über noradrenerge Bahnen zum Cortex und beeinflußt damit die kortikale Mikrozirkulation im Sinne einer Vasokonstriktion. Über Verbindungen zum Nervus facialis (N. petrosus superficialis) werden die extrakraniellen Gefäße im Sinne einer Vasodilatation beeinflußt. Serotonerge Neurone projizieren von den medialen und dorsalen Raphe nuclei zu den pialen Gefäßen [22]. Darüber hinaus konnte Serotonin in menschlichen Hirngefäßen identifiziert werden [23].

Die Lateralität der Kopfschmerzen soll durch eine einseitige Hyperaktivität der Raphe nuclei zustandekommen. Interessant ist in diesem Zusammenhang, daß ein Endorphinmangel, der während der Migräne vermutet wird, zu einer Überaktivität des Locus coerulus führt mit einer entsprechend erhöhten Noradrenalinfreisetzung [24].

Zusammenfassend führt eine Hyperaktivität des Locus coerulus und der Raphe nuclei nicht nur zu einer Vasokonstriktion bzw. Dilatation intrakranieller und extrakranieller Gefäße, sondern auch zu einer Freisetzung von Serotonin, welches neben seiner schmerzauslösenden Eigenschaften auch zu einer Potenzierung des durch Bradykinin hervorgerufenen vaskulären Schmerzes führt. Migräne-Attacken mit begleitenden fokal-neurologischen Ausfällen könnten dadurch zustandekommen, daß es überwiegend zu einer Aktivation aufsteigender Bahnen zum Cortex mit Störungen der kortikalen Mikrozirkulation kommt (Upstream-Mechanismus), die sogenannte gewöhnliche Migräne könnte aus einer überwiegenden Aktivation absteigender Bahnen zum Hirnstamm (Downstream-Mechanismus) resultieren (Abb. 1).

Die neurale Hypothese postuliert, daß der Migräne eine primär-neurogene zerebrale Dysfunktion zugrundeliegt, wobei eine periodisch auftretende Störung im Hypothalamus vermutet wird. Die Tatsache, daß Streß der häufigste Migräneauslöser ist, deutet auf eine Beteiligung des limbischen Systems hin. Veränderungen des Schwel-

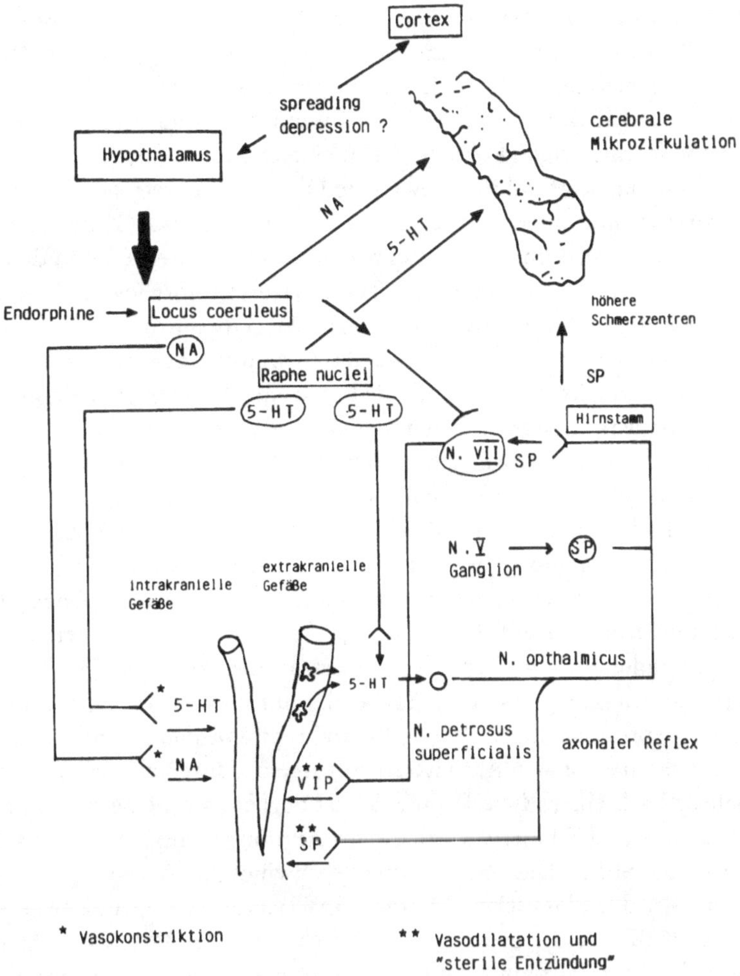

Abb. 1 Aktuelle Hypothese zur Pathogenese der Migräne

lenwertes dieser limbisch-hypothalamischen Achse könnten die wechselnde Häufigkeit der Attacken-Frequenz erklären, d.h. Exazerbationen bzw. Remissionsphasen. Es ergeben sich hier Übereinstimmungen mit der Epilepsie. Betrachtet man die Migräne als eine Reaktion auf einen primären neuralen Mechanismus, der bei Überschreiten eines bestimmten Schwellenwertes ausgelöst wird, bieten sich als Triggerfaktoren Streß, hormonelle Veränderungen im Rahmen der Menstruation und unter Antikonzeptiva, biogene Amine sowie Stimuli wie Lärm und Licht an [25, 26].

In früheren Untersuchungen der Hirndurchblutung (rCBF) konnten während der Auraphase der Migräne regional eine Oligämie und während der Kopfschmerzphase eine Hyperämie nachgewiesen werden, was sich gut in das Konzept des fokalen

Charakters der Ausfallsymptome und der Lateralisation des Migränekopfschmerzes einfügt [27, 28]. Neuere Untersuchungen [29–31] haben während der Auraphase und der Kopfschmerzphase diätetisch induzierter klassischer Migräneattacken tomographisch nach 133 Xenon-Inhalation während der Prodromalphase eine occipito parietale Oligämie zeigen können, der in einigen Fällen eine fokale Hyperämie vorausging. Diese nur kortikal nachgewiesene Oligämie breitete sich innerhalb von 15 bis 25 Minuten mit einer Wanderungsgeschwindigkeit von 2 mm pro Minute langsam nach frontal aus, unabhängig von anatomischen Grenzen und den Versorgungsgebieten größerer Hirngefäße. Die Hypoperfusion entwickelte sich vor den fokalen Symptomen und war auch nach deren Verschwinden noch nachweisbar. Diese Dissoziation deutet darauf hin, daß die Symptome der Aura nicht auf eine Minderperfusion zurückzuführen sind [25]. Für die Schmerzentstehung bei der Migräne wird die Vasodilatation zerebraler Arterien verantwortlich gemacht. Bei den letztgenannten rCBF-Messungen traten die Kopfschmerzen hingegen schon während der Oligämie, also nicht in einer Phase der Vasodilatation auf. Vergleichsmessungen bei Patienten mit einer gewöhnlichen Migräne zeigten demgegenüber weder eine Störung der globalen noch der regionalen zerebralen Durchblutung. Weitere Untersuchungen an Patienten mit spontanen Attacken zeigten, daß die Hypoperfusion anatomisch mit den neurologischen Ausfällen korrelierte. Die Ausbreitungsgeschwindigkeit der Oligämie erinnert an die von Leao [32] entwickelte Theorie der „Spreading depression“ [32]. Bei der nur im Tierexperiment untersuchten Spreading depression handelt es sich um eine vorübergehende ausgeprägte Unterbrechung der neuronalen Aktivität, u. a. ausgelöst durch eine Hypoxie und der Erholungsphase nach einer Hyperkapnie. Sie ist begleitet von einem Zellinflux von Natrium, Kalzium und Chlor, was zu einem Aktionspotential führt, gefolgt von einer elektrischen Stille. Die Ausbreitungsgeschwindigkeit entspricht exakt der visuellen Aura bei der klassischen Migräne. Im Tierversuch resultiert daraus eine Reduktion des rCBF, die der gleicht, die inzwischen bei der Migräne nachgewiesen wurde. Vieles deutet darauf hin [25], daß eine primär-neurogene Störung nicht nur zu einer Beeinflussung des intraneuronalen Metabolismus, sondern auch zu einer Störung der lokalen Mikrozirkulation und damit des rCBF führen kann. Die Tatsache, daß diese Oligämie den Ischämiesymptomen vorausgeht und sich nicht an das Versorgungsareal großer Hirngefäße hält, spricht dafür, daß die Spreading depression ein primär neurogenes Phänomen darstellt, aus dem sich sekundär Störungen der kapillären Mikrozirkulation entwickeln. Geht man davon aus, daß nicht alle Symptome der Migräne durch eine solche Störung der kortikalen Mikrozirkulation zu deuten sind, bietet sich die Hypothese an, daß sich die Spreading depression von kortikal zum Hypothalamus hin ausbreitet bzw. vice versa. Periphere vaskuläre Kaliberschwankungen, also extrakraniell, könnten bedingt sein durch den hypothalamischen Einfluß auf den sympathisch-parasympathischen Tonus bzw. auf den noradrenergen Locus coerulus [18]. Offen bleibt damit aber immer noch die Frage nach dem die Spreading depression primär auslösenden Ereignis.

Periphere Mechanismen

Katecholamine

Migräniker zeigen allgemein einen erhöhten Sympathikotonus, wobei die Migräne in Erwartung einer Streßsituation oder in der Relaxationsphase danach auftritt.

Hsu et al. untersuchten Plasmakatecholaminspiegel bei Patienten, die am frühen Morgen mit einem Migräneanfall erwachten. Dabei zeigte sich eine signifikante Erhöhung des Noradrenalins im intraindividuellen Vergleich zum anfallsfreien Stadium. Anthony stellte bei Migränikern einen signifikanten Anstieg der Dopamin-β-Hydroxylase (DBH) während der Kopfschmerzphase im Vergleich zum kopfschmerzfreien Intervall fest. DBH katalysiert die Umwandlung von Dopamin in Noradrenalin und wird entsprechend der Höhe der sympathischen Aktivität freigesetzt; Übersicht s. [33].

Freie Fettsäuren (FFS) und Prostaglandine (PG)

FFS können in vitro die Freisetzung von 5-HT bewirken, wahrscheinlich auch in vivo, ebenso wie 5-HT einen Anstieg der Plasma-FFS verursachen kann. Die FFS steigern durch die Bindung an die Thrombozytenmembran die thrombozytäre Aggregationsneigung. Während der Migräne-Attacke soll es zu einem signifikanten Anstieg der FFS kommen. Innerhalb des Spektrums der ungesättigten FFS spielt die Arachidonsäure als Vorstufe der PG eine zentrale Rolle. Thrombozyten können Prostaglandine synthetisieren, in dem sie Arachidonsäure über zyklische Endoperoxyde in Thromboxan (TxA2) und Prostazyklin umwandeln. Thromboxan und Prostazyklin werden an ihrem Wirkort (Gefäßwand und Thrombozyten) de novo synthetisiert. Thromboxan ist ein potenter Initiator der Aggregation, es löst die release reaction aus, hemmt die Plättchenadenylatzyklase und verursacht eine Vasokonstriktion. Prostazyklin stimuliert die Adenylatzyklase, hemmt die Plättchenaggregation und verursacht eine Dilatation. Die PG sind also durch ihren Einfluß auf Gefäßtonus und Thrombozytenaggregation beteiligt am vaskulär-thrombozytären Modell der Migräne [16].

Cyclo-AMP (c-AMP)

PG beeinflussen über die Hemmung bzw. Aktivierung der Adenylatzyklase die c-AMP-Spiegel. Katecholamine sind an der c-AMP-Synthese beteiligt. In vitro-Experimente zeigten, daß z.B. Timolol die durch Isoprenalin stimulierte c-AMP-Bildung inhibieren kann. Anthony wies eine signifikante Erhöhung von c-AMP im Plasma während der Migräne-Attacke nach, wobei der Plasma-c-AMP-Spiegel exakt mit dem der Katecholamine korrelierte. Die thrombozytäre Aggregationsneigung ist wiederum abhängig von c-AMP-Gehalt der Thrombozyten, d.h., daß ein Medikament, das die c-AMP-Spiegel sinken kann, zu einer erhöhten Plättchenaggregation führt [33].

Migräneprophylaxe

Eine Prophylaxe ist immer dann indiziert, wenn ein Migräniker regelmäßig unter zwei oder mehr Attacken pro Monat leidet oder eine Attacke länger als vier Tage andauert.

Ausgehend von der dargestellten Pathophysiologie der Migräne, wobei neurovaskuläre und humorale Faktoren im Vordergrund stehen, ergeben sich folgende Angriffspunkte pharmakologischer Interventionen:

- Zerebrale Systeme, die affektive Reaktionen (Hypothalamus und fronto-temporaler Cortex) und zirkadiane Rhythmen (Nucleus suprachiasmaticus) vermitteln und den Einfluß von Triggerfaktoren mindern;
- intrinsische Projektionen vom Hirnstamm zum zerebralen Cortex (noradrenerge Verbindungen vom Locus coeruleus und serotonerge Verbindungen von den Raphe nuclei) zur Vermeidung der neurogenen Suppression der kortikalen Aktivität und der begleitenden zerebralen Oligämie;
- area postrema der Medulla oblongata zur Reduktion von Übelkeit und Erbrechen;
- das endogene schmerzkontrollierende System mit dem Ziel der Anhebung der Schmerzschwelle;
- intra- und extrakranielle Blutgefäße, deren Vasokonstriktion bzw. -dilatation verhindert werden soll und gleichzeitig eine Blockierung der Schmerzsensibilisierung durch freigesetztes Serotonin oder andere humorale Faktoren.

Die in der Pharmakotherapie eingesetzten Substanzen beeinflussen also entweder die Neurotransmitterfunktion oder die zerebrale Zirkulation, so z. B. Pharmaka, die den Serotonin-re-uptake oder Serotonineffekte antagonisieren, solche die entweder eine Vasodilatation (z. B. Mutterkornalkaloide) oder eine Vasokonstriktion (Kalziumantagonisten) verhindern und letztlich Beta-Blocker.

Die heute in der modernen Migräneprophylaxe eingesetzten Pharmaka sind in der Tabelle 1 dargestellt. (Empfehlungen der Deutschen Migränegesellschaft)

Beta-Blocker stellen in der Migräne bis heute zweifellos das Mittel der ersten Wahl dar. Im Vergleich zu anderen Migräneprophylaktika können sie über Monate und Jahre verabreicht werden und weisen nur wenige, vergleichsweise leichte und transiente Nebenwirkungen auf.

Der Einsatz von Beta-Adrenolytika geht auf Beobachtungen von Rabkin et al. [34] zurück, die bei Patienten mit einer Angina pectoris unter Propranolol eine Besserung einer gleichzeitig bestehenden Migräne beobachteten. Seitdem sind eine ganze Reihe von Beta-Blockern in kontrollierten Studien (Tab. 2) untersucht worden [33].

Beta-Blocker und Migräne: Pharmakokinetik

Tierexperimentell waren im Cortex von Ratten Beta-Rezeptoren nachweisbar bzw. adrenerge Neurone, die Informationen aus dem Hirnstamm in den Cortex, das Cerebellum und das Rückenmark projezieren [17]. Die Rezeptoren des zerebralen Gefäßbettes sind *überwiegend vom Beta-1-Typ* [35].

Es liegt nahe, die in der Migräneprophylaxe wirksamen Blocker (Tab. 3) hinsichtlich ihres pharmakologischen Profils miteinander zu vergleichen und daraus Rückschlüsse auf ihren Wirkungsmechanismus in der Migräne zu ziehen [36].

Intrinsische sympathikomimetische Aktivität (ISA)

Diejenigen Beta-Blocker, die anerkanntermaßen in der Migräneprophylaxe wirksam sind (Metoprolol, Propranolol, Timolol, Atenolol und Nadolol(?)) besitzen keine ISA. Welche Rolle das Fehlen der ISA spielt, ist noch ungeklärt. Die Effektivität der nicht kardioselektiven Beta-Blocker Propranolol, Timolol und Nadolol (also auch auf Beta-2-Rezeptoren wirkenden Beta-Blocker ohne ISA) führte einige Autoren dazu, von folgender Hypthese auszugehen:

Da die Stimulierung der adrenergen Beta-2-Rezeptoren der Gefäßwände eine Vasodilatation bewirkt, würde ihre Blockierung zur Aufrechterhaltung eines gewissen vasokonstriktorischen Tonus beitragen, der dem den Kopfschmerz auslösenden Tonusverlust (Vasodilatation) der extrakraniellen Arterien entgegenwirken würde. Dieses vasokonstriktorische Potential ist im Falle der Beta-blocker, die mit einer ISA ausgestattet sind, vermindert (aufgehoben?) [37].

Kardioselektivität (KS) – membranstabilisierender Effekt (MSE)

Der pharmakologische Wert kardioselektiver Beta-Blocker ist nicht umstritten; man hält sie für therapeutisch günstiger, da sie in niedrigen Dosen selektiv die Beta-1-Rezeptoren des Herzens hemmen sollen, ohne gleichzeitig wesentliche bronchiale Komplikationen hervorzurufen. Da es keine absolut organspezifische Verteilung von Beta-1- und Beta-2-Rezeptoren gibt und in therapeutischen Dosen auch Beta-2-Rezeptoren blockiert werden können, besteht üblicherweise nur eine teilweise Kardioselektivität mit Ausnahme von Atenolol und speziell Metoprolol, für die unveränderte Beta-1-Selektivität während der Langzeittherapie berichtet wurde. Da sich in entsprechenden Studien (s. Tab. 2) sowohl kardioselektive als auch nichtselektive Beta-Blocker als wirksam in der Migräneprophylaxe erwiesen haben, ist es unwahrscheinlich, daß ihre Wirkung allein dadurch bedingt ist.

Ebenso ist der membranstabilisierende Effekt (MSE) der Beta-Bocker hinsichtlich ihrer Migränewirksamkeit ohne Relevanz. Der MSE kommt erfahrungsgemäß erst bei einer Dosierung zum Tragen, die weit über dem therapeutischen Bereich liegt [33].

Tabelle 1 Migräneprophylaxe (Empfehlungen der Deutschen Migränegesellschaft)

Substanzen	Tagesdosis (oral)	Bemerkungen	wichtigste Nebenwirkungen
Anerkannt wirksame und bevorzugt eingesetzte Pharmaka			
1. Wahl			
Beta-Rezeptorenblocker			
1. Metoprolol	100–200 mg	selektive Beta-Blockade Reduktion des Sympathikotonus; zerebrale Beta-Rezeptorenblockade	Magen-Darm-Beschwerden, Schlafstörungen, Schwindel, Müdigkeit, symptomatische Bradykardie
2. Propranolol	60–240 mg	nicht-selektive Beta-Blokkade	Müdigkeit, Schlafstörungen, Alpträume, Nausea, Diarrhoe, Bronchospasmus, Hypoglykämie, kalte Extremitäten, symptomatische Bradykardie, Hautreaktionen
Kalzium-Einstrom-Blocker			
1. Flunarizin	5–10 mg	zerebrale Hypoxieprotektion, Antihistaminikum $t_{1/2}$ 19 Tage!	Müdigkeit, Appetitsteigerung, Gewichtszunahme, Asthenie, gastrointestinale Störungen, Depression
2. Wahl			
Serotonin-Antagonisten			
1. Pizotifen	3 × 0,5 mg oder 1,5 mg abends	Histamin- und Serotonin-Antagonismus, Trizyklikum	Müdigkeit, Gewichtszunahme, Appetitssteigerung, anticholinerge Beschwerden
Weitgehend anerkannt – zur Dauertherapie ungeeignet			
1. Methysergid	1,5–8 mg	hemmt Histamin, Serotonin-Agonismus u. -Antagonismus, max. Anwendungsdauer 3 Monate	Gewichtszunahme, Ödeme, Magen- und Muskelschmerzen, Erbrechen, Parästhesien, Fibrosen, Entzugskopfschmerzen
2. Lisurid	3 × 0,025 mg	Dopamin-Agonist, Serotonin-Agonismus und -Antagonismus	Nausea, Müdigkeit, Schwindel, pektanginöse Beschwerden, Muskelschwäche u. Schmerzen, Fibrosen?
Möglicherweise wirksam – zur Dauertherapie aber nicht geeignet			
1. Azetylsalizylsäure	75–1 500 mg	Plättchenaggregationshemmer	gastrointestinale Störungen u. a.
2. Cyproheptadin	12–24 mg	Serotonin-Antagonismus	Müdigkeit, Gewichtszunahme und Mundtrockenheit

Substanzen	Tagesdosis (oral)	Bemerkungen	wichtigste Nebenwirkungen
3. Dihydroergotamin	2–3 × 1,5 mg	α-adrenerger Agonismus, Dopa-Antagonist, Serotonin-Agonismus u. -Antagonismus	Magenempfindlichkeit, Übelkeit, Durchblutungsstörungen, Schwindelgefühl, Durchfall, Kopfschmerzen (Ergotismus) bei langfristiger Einnahme
Möglicherweise wirksam – aber noch keine ausreichenden klinischen Erfahrungen			
1. Amitriptylin	25–150 mg	empfehlenswert bei Kombination mit Spannungskopfschmerz	Müdigkeit, Mundtrockenheit, Akkomodationsstörung
2. Verapamil	3 × 80 mg	kardialer Ca^{++}-Antagonist	Knöchelödeme, Müdigkeit, Schwindel, Hautreaktionen, Hypotonie, Bradykardie, Obstipation, Flush
3. Nimodipin	60–120 mg	Ca^{++}-Antagonist	gastrointestinale Beschwerden, Müdigkeit, Übelkeit, Flush, Muskelkrämpfe, Hautreaktionen, Kopfschmerzen, Schmerzen im Brustbereich
4. Nifedipin	30–180 mg	(Vasodilatator) peripherer Ca^{++}-Antagonist	Beinödeme, Tachykardien, Schwindel, Flush, Exanthem, Kopfschmerz, hypotone Reaktion, Übelkeit, Angina pectoris-Beschwerden
5. Naproxen	2 × 250 mg	Prostaglandin-Inhibitor	gastrointestinale Störungen, Hautreaktionen
Sicher nicht wirksam			
1. Clonidin	2–6 × 0,025 mg	Antihypertonikum	orthostatische Beschwerden, Schlafstörungen, Müdigkeit, Obstipation, Depressionen, Mundtrockenheit, Parotisschmerzen, Bradykardie
2. Proxibarbal	300–600 mg	Barbitsäurederivat	Somnolenz, Magenbeschwerden
3. Diverse Antikonvulsiva, Cimetidin, Indomethacin, Flufenaminsäure, Reserpin, Bromocriptin, Papaverin, Ergonovin, Ranitidin, Dipyridamol und Lithium			

Tabelle 2 Studien

				Zeitplan der Behandlung							
Getestete Pharmaka	Tagesdosis (mg)	Art der Studie	n	I	II	III	IV	V	VI	Ergebnis	Autoren
Acebutolol gegen Plazebo	400–800	DBL	33	4	12	4	12	0	0	Acebutolol n. s. besser als Plazebo, jedoch von Patienten bevorzugt	Nanda et al. (1977)
Alprenolol gegen Plazebo	400	DBL	28	k. A.	6	1	6	0	0	Alprenolol n. s. besser als Plazebo	Ekbom (1975)
Atenolol gegen Propranolol gegen Plazebo	100 160	DBL	28	k. A.	6	1	6	1	6	Atenolol und Propranolol s. und gleichermaßen besser als Plazebo	Stensrud und Sjaastad (1980)
Metoprolol gegen Propranolol	200 160	DBL	33	4	8	4	8	0	0	Metroprolol und Propranolol vergleichbar gut wirksam (s. gegen „run in"-Periode)	Kangasniemi (1983)
Metroprolol gegen Propranolol gegen Methysergid	300 120 6–10	KLI	93	24	24	0	0	0	0	Metroprolol schwächer wirksam als Propranolol und Methysergid	Steardo et al. (1982)
Metoprolol gegen Plazebo	200	DBL	62	4	8	0	0	0	0	Metoprolol s. besser als Plazebo	Andersson (1983)
Propranolol gegen Azetylsalizylsäure	1,8 +/− 0,1 mg/kg/d 13,5 +/− 1,2	DBL	12	4	12	2	120	0	0	Propranolol und Azetylsalizylsäure vergleichbar gut wirksam	Baldrati et al. (1983)
Propranolol	160–320	KLI	787	0	1–2 Jahre (und länger)					Je länger die Dauer der Propranolol-Medik., desto besser (s.) die Effektivität	Rosen (1982)

Propranolol gegen Plazebo	80–160	DBL	100	2	4	0	24–48	0	4–8	Propranolol s. besser als Plazebo	Diamond et al. (1982)
Propranolol gegen Methysergid	120 3	DBL	36	k. A.	12	4	12	0	0	Propranolol senkte Attakkenfrequenz deutlicher als Methysergid (allerd. n. s.)	Behan und Reid (1980)
Propranolol gegen Plazebo	120	DBL	30	4	12	0	12	0	0	Propranolol s. besser als Plazebo	Borgesen (1976)
Propranolol gegen Femoxetin	160 400	DBL	37	(4)	12	0	12	0	0	Propranolol und Femoxetin vergleichbar gut wirksam	Andersson und Petersen (1981)
Propranolol gegen Clonidin	160 0,1	DBL	21	4	16	0	16	0	0	Propranolol und Clonidin vergleichbar gut wirksam	Kass und Nestvold (1980)
Propranolol gegen Plazebo	120	DBL	30	4	12	0	12	0	0	Propranolol s. besser als Plazebo	Borgesen et al. (1974)
Propranolol gegen Plazebo	k. A.	DBL	29	4	6	0	6	0	0	Propranolol besser als Plazebo (jedoch n. s.)	Malvea et al. (1973)
Propranolol gegen Plazebo	160	DBL	30	Pilotstudie 8–160	12	0	12	0	0	Propranolol s. besser als Plazebo	Wideroe und Vigander (1974)
Propranolol gegen Plazebo	80	DBL	12	k. A.	12	0	12	0	0	Propranolol s. besser als Plazebo	Weber und Reinmuth (1972)
Propranolol gegen d-Propranolol gegen Plazebo	160 160	DBL	20	k. A.	4	1	4	1	4	Propranolol besser als d-Propranolol (jedoch n. s.); beide besser als Plazebo	Stensrud und Sjaastad (1976)
Propranolol gegen Plazebo	80–120	DBL	18	k. A.	6–12	0	6–12	0	0	Propranolol n. s. besser als Plazebo	Holdorff et al. (1977)
Propranolol gegen Plazebo	240	DBL	32	10	12	0	12	0	0	Propranolol s. besser als Plazebo	Forssman et al. (1976)

Fortsetzung Tabelle 2: siehe Seite 22

Fortsetzung Tabelle 2

Propranolol gegen Plazebo	80 oder 160	DBL	62	k. A.	4–8	0	4–8	0	0	Propranolol s. besser als Plazebo	Diamond und Medina (1976)
Timolol gegen Propranolol gegen Plazebo	20 160	DBL	18	4	12	0	12	0	12	Timolol und Propranolol s. besser als Plazebo	Standnes (1982)
Timolol gegen Plazebo	20	DBL	13	4	6	0	6	0	0	Timolol s. besser als Plazebo	Briggs und Millac (1979)
Timolol gegen Plazebo	10 oder 20	DBL	44	4	12	0	12	0	0	Timolol s. besser als Plazebo	Hakkarainen und Kangasniemi (1979)
Nadolol gegen Plazebo	a: 80, 160 bzw. 240 b: 80–240	DBL	80	8	12	0	0	0	0	Nadolol wirksam (s.?), gut brauchbar für Langzeitthe-rapie	Ryan et al. (1982)
Oxprenolol gegen Plazebo	240	DBL	30	k. A.	8	1	8	0	0	Oxprenolol nicht besser als Plazebo	Ekbom und Zetterman (1977)
Pindolol gegen Plazebo	7,5–15	DBL	28	3	4	3	4	3	4	Pindolol n. s. besser als Pla-zebo; bei 3 Pat. jedoch be-merkenswerte Verbesserung unter Pindolol	Sjaastad und Stensrud (1971)
Pindolol gegen Plazebo	7,5–15	DBL	26	4	4	0	0	0	0	Pindolol nicht besser als Plazebo	Ekbom und Lundberg
Pindolol gegen Clonidin gegen Carbamazepin	10 0,225 600	OFF	153	4–80 Pindolol		4–16 Carbam-azepin		4–72 Clonidin		Pindolol s. besser als Car-bam-azepin (bzw. Clonidin)	Anthony et al. (1972)

DBL = Doppelblindstudie
OFF = offene Studie
KLI = klinische Studie
n = Anzahl der Patienten, die die Studie beendeten
k. A. = keine Angaben
n. s. = nicht signifikant
s = signifikant

I = Beobachtungszeitraum (ohne Medikation) „run in"-Periode
II = erster Behandlungszeitraum
III = „wash out"-Periode
IV = zweiter Behandlungszeitraum
V = „wash out"-Periode
VI = dritter Behandlungszeitraum

alle Angaben in Wochen

Tabelle 3 Wirksame Beta-Blocker in der Migräneprophylaxe [36]

	ISA	Kardioselektivität	MSE	lipophil: l hydrophil: h	Durchlässigkeit der BHS	Dosierung in mg/24 h
Propranolol	–	–	+	ll	+	80–240
Metoprolol	–	+	–	l	+	100–200
Timolol	–	–	–	l	+	10– 20
Nadolol	–	–	–	h	(+)	80–240
Atenolol	–	+	–	h	(+)	50–100

ISA = intrinsische sympathische Aktivität; MSE = membranstabilisierender Effekt;
BHS = Bluthirnschranke
(Weerasuriya, K., Patel, L., Turner, P.: β-adrenoceptor blockade and migraine, Cephalalgia 2, 33 (1982)

Lipophilie-Hydrophilie-Hirngängigkeit

Stark lipophile Beta-Blocker, wie z.B. Propranolol, werden aus dem Dünndarm fast vollständig resorbiert und zeigen eine starke Serum-Proteinbindung. Einige Metaboliten haben ebenfalls Beta-blockierende Eigenschaften; andere sind unwirksam oder wegen ihrer kurzen Halbwertszeit wahrscheinlich bedeutungslos. Hydrophile Beta-Blocker, wie z.B. Atenolol, werden nur unvollständig resorbiert und zeigen im Vergleich zu den lipophilen Beta-Blockern nur eine geringe Serumprotein-Bindung. Ebenfalls ist ihre Metabolisierungstendenz gering; die Metaboliten weisen einen nur geringen bzw. kaum nachweisbaren pharmakologischen Effekt auf. Die Lipophilie eines Medikamentes ist entscheidend für die Überwindung der Blut-Hirn-Schranke (BHS). Ebenfalls ist nur der freie, d.h. der nicht an Plasmaproteine gebundene Anteil, dazu fähig. Wegen der Affinität des Hirngewebes zu lipophilen Substanzen ist die Konzentration des hydrophilen Atenolols im Gehirn um etwa das Zwanzigfache niedriger als die des Propranolols und Metoprolols. Allerdings ist noch nicht gesichert, ob die zentrale Wirkung der Beta-Blocker abhängig ist von ihrer Konzentration im Liquor, im Hirngewebe oder am Rezeptor. Darüber hinaus ist die Frage noch unbeantwortet, ob sich bei Langzeitgabe eines bisher als unwirksam angesehenen hydrophilen Beta-Blockers eine dem Propranolol vergleichbare Konzentration im Hirngewebe erreichen läßt [33].

Halbwertszeit (HWZ)

Lipophilie Beta-Blocker haben aufgrund ihrer hohen Metabolisierungsrate generell kürzere HWZ als hydrophile Beta-Blocker. Allerdings sagt die HWZ wenig über die Dauer der pharmakologischen Wirkung aus. So ist für Propranolol und Bupranolol nachgewiesen, daß sie u.a. im Gewebe oder im Thrombozyten gespeichert und verzögert freigesetzt werden. Dies ist einer der Gründe, weshalb die beta-blockierende Wirkung dieser Substanzen länger anhalten kann, als ihre HWZ erwarten läßt [33].

Vaskulärer Beta-Rezeptoren-Antagonismus

Die Rezeptoren an peripheren Arterien und Arteriolen mit Ausnahme der Herzgefäße sind vom Beta-2-Typ. Ihre Blockade durch Beta-Adrenolytika führt zur Vasokonstriktion mit einer konsekutiven Erhöhung des arteriellen Gefäßwiderstandes, der unter Dauertherapie allerdings wieder absank. In vitro-Untersuchungen der Gefäßreaktionen der A. cerebri media der Katze haben gezeigt, daß die durch Katecholamine an den vaskulären Beta-Rezeptoren induzierte vasodilatatorische Effekt kompetetiv durch Propranolol gehemmt wurde. Durch Blockade peripherer wie zentraler Rezeptoren an der Katzengefäßmuskulatur führen Beta-Blocker vermutlich zu einer Vasokonstriktion [33]. Dem steht entgegen, daß sie die durch eine Vasokonstriktion bedingte Auraphase der Migräne weder verschlimmern noch zur raschen Kupierung der Migräne-Attacke eingesetzt werden können, was bei dieser Vorstellung zu erwarten wäre. Insgesamt spielt der vaskuläre Beta-Rezeptoren-Antagonismus der Beta-Adrenalytika also offenbar nur eine geringe Rolle [39].

Wirkungsmechanismen der Beta-Blocker in der Migräne-Prophylaxe – Hypothesen

Die Mechanismen, die dem positiven prophylaktischen Effekt der Beta-Blocker in der Migräne zugrundeliegen, sind noch ungeklärt. An einige Punkte soll zusammenfassend erinnert werden [38]:

– Beta-Blocker wirken nicht bei allen Migränikern. Es ist nicht möglich, eine Subpopulation von Respondern zu definieren, wobei dies an der Heterogenität der Erkrankung selbst oder der Substanz liegen kann.
– Beta-Blocker ohne ISA scheinen wirksamer zu sein als solche mit ISA, was impliziert, daß eventuell der partielle Agonismus den Behandlungserfolg verhindert.
– Beta-Blocker sind Prophylaktika und in der Kupierung der Einzelattacke nicht effektiv.

Folgende Wirkungsmechanismen werden diskutiert [38]:

Vaskulärer Beta-Rezeptoren-Antagonismus

Insgesamt spielt der vaskuläre Beta-Rezeptoren-Antagonismus der Beta-Adrenolytika nur eine geringe Rolle. Auf die Bedeutung der ISA wurde bereits hingewiesen. Darüber hinaus konnte in einer Studie von Stensrud und Sjaastad [39] nachgewiesen werden, daß das optische Isomer d-Propranolol, das über nahezu keine betablockierenden Eigenschaften verfügt, signifikant besser in der Prophylaxe wirksam war als Plazebo. Es handelt sich um die bisher einzige Studie dieser Art.

5-HT-Antagonismus

Die Rolle von 5-HT hinsichtlich des Wirkungsmechanismus der Beta-Blocker ist noch offen. Auf der einen Seite ist ein 5-HT antagonistischer Effekt unwahrscheinlich, da sie bei der Attacken-Kupierung nicht wirksam sind; darüber hinaus sind die in der Migräne-Prophylaxe unwirksamen Beta-Blocker mit ISA ausgeprägte 5-HT-Antagonisten, während der 5-HT-Antagonismus des wirksamen Atenolols nur gering ausgeprägt ist. Geht man andererseits davon aus, daß bei der Migräne die Modulation der Freisetzung von 5-HT gestört ist, steigt dementsprechend sekundär die neuronale Entladungsfrequenz an. Da Serotonin am antinozizeptiven System des Hirnstamms [40] beteiligt ist, wäre damit eine weitere Erklärung der Schmerz-Symptomatik gegeben. Es ist vorstellbar, daß Beta-Blocker zu einer Stabilisierung des intrasynaptischen Serotonin-Spiegels führen, indem sie den Serotonin-re-uptake am präsynaptischen Rezeptor, die Serotoninfreisetzung bzw. die Bindung an den postsynaptischen Serotoninrezeptor und darüber hinaus adrenerg-serotonerge Verbindungen inhibieren [33].

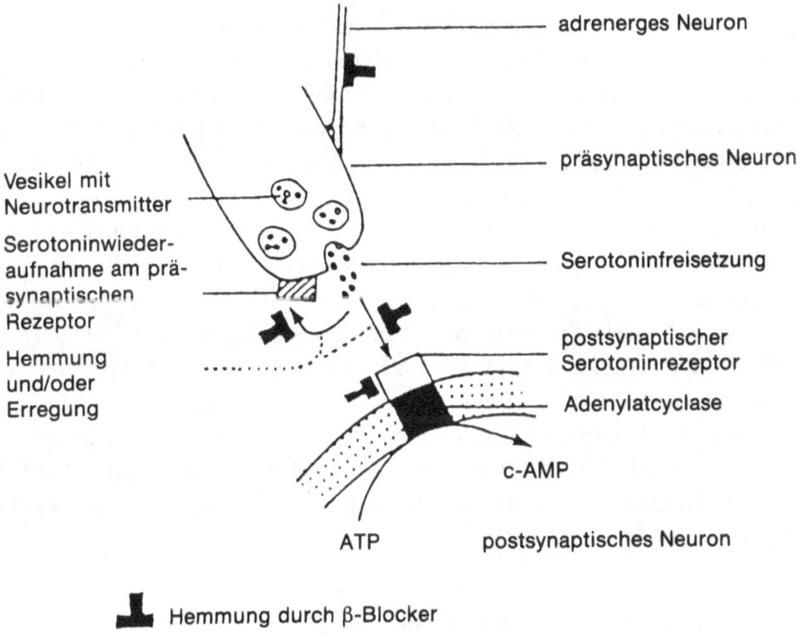

Abb. 2 Hypothetischer Wirkungsmechanismus von β-Blockern am serotonergen Hirnstammneuron. (n. 40)

Zentrale Wirkungen

Wie schon erwähnt, sollen Migräniker einen erhöhten Sympathikotonus aufweisen, der durch Beta-Blocker reduziert werden konnte. Gegen diese Hypothese wurde bisher immer angeführt, daß hydrophile Beta-Blocker nicht oder nur langsam durch die Blut-Hirn-Schranke penetrieren können. Es wurde bereits darauf hingewiesen, daß bis heute noch nicht ausreichend gesichert ist, wo die cerebrale Beta-Blockade stattfindet.

Beeinflussung der Thrombozytenfunktion

Migräniker sollen nicht nur während der Attacke, sondern schon bereits im kopfschmerzfreien Intervall eine erhöhte thrombozytäre Aggregationsneigung und Adhäsivität zeigen. Noradrenalin verursacht u. a. eine gesteigerte Thrombozytenaggregation. Beta-Blocker führen in Ruhe und bei psychischer Belastung zu einer Erniedrigung des Plasma-Noradrenalins, möglicherweise über eine Hemmung der Noradrenalin-Freisetzung aus sympathischen Nervenendigungen. Die thrombozytäre Aggregationsneigung ist ebenfalls abhängig vom c-AMP-Gehalt der Thrombozyten. Katecholamine sind an der c-AMP-Synthese beteiligt. Wie bereits ausgeführt wurde, kann z. B. Timolol die durch Isoprenalin stimulierte c-AMP-Bildung inhibieren. Ein Effekt von Beta-Blockern auf die Thrombozytenaggregation ist also zu erwarten. So ist mehrfach nachgewiesen worden, daß Beta-Blocker eine Hemmwirkung auf die ADP- und adrenalininduzierte Thrombozytenaggregation haben [41, 42[. Beta-Blocker führen zu einer Stabilisierung der Thromozytenmembran, sodaß eine höhere Schwellenkonzentration von ADP und Adrenalin zur Aggregation benötigt wird [43]. Winther-Hansen et al. machten gegenteilige Beobachtungen [44]. Ausgehend davon, daß der c-AMP-Gehalt der Trombozyten mit ihrer Aggregationsneigung korreliert und daß eine Substanz, die die c-AMP-Spiegel senken kann, zu einer erhöhten Plättchenaggregation führt, wiesen sie bei 12 Patienten eine *Erhöhung* der adrenalin-induzierten Plättchenaggregation unter Propranolol mit einer Tagesdosis von 160 mg p. d. nach. Propranolol soll die Beta-2-Rezeptoren abhängige c-AMP-Produktion senken. Diese Ergebnisse sind inzwischen bestätigt worden, wobei die spontane und induzierte Plättchenaggregation auf Noradrenalin und ADP gemessen wurde. Metoprolol reduzierte im Gegensatz zu Propranolol die Aggregationsneigung und signifikant die ATP-Freisetzung auf Noradrenalin und ADP. Beta-2-Blockade mit Li3268 zeigte eine Plättchenaktivation, die mit der unter Propranolol vergleichbar war [45].

Up-Regulation von Beta-Rezeptoren [38]

Propranolol führt bei Langzeitmedikation zu einer Zunahme und erhöhter Ansprechbarkeit von Beta-Rezeptoren, ein Phänomen, das als Up-Regulation bezeichnet wird und Analogien zu der sogenannten Denervation Supersensitivity zeigt [38]. Demnach müßte man bei Migränikern generell einen Beta-Rezeptoren-Defekt finden, vergleichbar der der essentiellen Hypertonie bzw. bei Angstzuständen, wo Beta-Blocker seit langem eingesetzt werden. Eine solche Abnormität konnte bei Migränepatienten im Vergleich zu Kontrollpersonen nicht gezeigt werden.

Als sogenannte „heterologe up-Regulation" kann die Beta-Rezeptor-up-Regulation zu einer gesteigerten Ansprechbarkeit auch für andere Agonisten führen. So konnte eine Zunahme der c-AMP-Ansprechbarkeit auf Prostazyklin und auf Isoprenalin bei Langzeitbehandlung von Hypertonikern mit Propranolol und Timolol, also nicht selektiven Beta-Blockern, nachgewiesen werden. Beta-Blocker mit ISA scheinen die Beta-Rezeptor-up-Regulation weniger zu beeinflussen, was eventuell den Unterschied in der Migränewirksamkeit dieser beiden Gruppen erklären könnte.

Therapie

Beta-Blocker sind bis heute Mittel der ersten Wahl in der Prophylaxe der Migräne: anerkannt wirksam sind der beta-1-selektive Rezeptorenblocker Metoprolol und der nichtselektive Beta-Blocker Propranolol. Ebenfalls wirksam sein sollen Timolol und Atenolol. Gemeinsame Eigenschaften der in der Migräne-Prophylaxe wirksamen Beta-Blocker ist die Blockade der Beta-1-Rezeptoren und die fehlende intrinsische sympathikomimetische Aktivität (ISA). In der Migräne ist die Blockade der durch Beta-2-Rezeptoren vermittelten Effekte unnötig, d. h., daß nichtselektive Beta-Rezeptorenblocker die therapeutische Breite einschränken. Bei vergleichbarem therapeutischen Effekt von Propranolol und Metaprolol bevorzugen wir den beta-1-selektiven Blocker Metoprolol, da die körperliche Belastungsfähigkeit, besonders bei jungen Migränikern, darunter höher ist.

Metoprolol wird üblicherweise in einer Dosierung von 100 bis 150 mg p. d. eingesetzt und kann bis auf 200 mg gesteigert werden. Metoprolol wird dann am besten in der Retardform verabreicht. Dosierungen von 200 mg p. d. sollten über vier Wochen durch langsame Steigerung um 50 mg pro Woche erreicht werden.

Propranolol hat die größte Dosierungsbreite, die von 60 bis 320 mg p. d. reicht. Durchschnittlich sind 80 bis 160 mg p. d. erforderlich, wobei die Verteilung auf 2–3 Einzeldosen über den Tag nach unseren Erfahrungen vorteilhafter ist, als die Retardform.

Der Effekt von Metoprolol und Propranolol auf Frequenz und Intensität der Migräne-Attacken soll auch nach Beendigung der Medikation noch anhalten, teilweise bis zu einem Jahr.

Bei Unwirksamkeit eines Beta-Blockers sollte immer ein zweiter Versuch mit einem anderen migränewirksamen Beta-Blocker erfolgen. Eine langsame Reduktion der täglichen Dosis wird erst dann eingeleitet, wenn der Patient mindestens vier Wochen attackenfrei ist, üblicherweise nach sechs bis neun Monaten. Das plötzliche Absetzen des Medikamentes kann kurzfristig zu Absetzphänomenen, wie Frequenzanstieg, Palpitationen, Schweißneigung und Nervosität, führen. Die Nebenwirkungen sind der Tabelle 1 zu entnehmen.

Die Angst vor orthostatischen Beschwerden bei Migränikern unter Beta-Blockade ist nicht berechtigt. Der Migräniker zeigt zwar eine hypotone Kreislaufsituation während der Migräne-Attacke, seine Kreislaufregulationsfähigkeit unterscheidet sich sonst nicht von der Normalpopulation. Beta-Blocker sollen sogar eher zu einer Stabilisierung des Blutdrucks führen.

Literatur

[1] Bruyn, G. W.: Epidemiology of Migraine: „A Personal View". Headache **23** (1983) 127–133.
[2] Ad Hoc Committee on Classification of Headache: Classification of Headache. J.A.M.A. **179** (1962) 717–718.
[3] World Federation of Neurology: Meeting of the Research Group on Migraine and Headache. J. Neurol. Science **9** (1969) 202.
[4] Cochrane, A. L.: The Definition of Migraine. 181–182. Heinemann, London 1970.
[5] Olesen, J.: Some Clinical Features of the Acute Migraine Attack. Headache **18** (1978) 268–271.
[6] Raskin, N. H., S. Prasinger: Carotidynia. Neurology **27** (1977) 13.
[7] Welch, K. M. A., D. Darnley, R. T. Simkins: The Role of Estrogen in Migraine. A Review and Hypothesis. Celphalalgia **4** (1984) 227–236.
[8] Wolff, H. G.: Headaches and Other Headpain. Oxford University Press, London – New York 1972.
[9] Carroll, D.: Retinal Migraine. Headache **10** (1970) 9–13.
[10] Pfaffenrath, V., W. Pöllmann, G. Kufner: Die basiläre Migräne. Akt. Neurol. **11** (1984) 204–207.
[11] Pearce, J.: Complicated Migraine. In: Modern Topics in Migraine 30–44. Heinemann, London 1975.
[12] Wolff, H. G., Headaches and Other Headpain, Oxford University Press New York 1963.
[13] Heyck, H.: Der Kopfschmerz: Differentialdiagnostik, Pathogenese und Therapie für die Praxis. 4. Auflage, Thieme, Stuttgart. 1975.
[14] Spierings, E. L. H.: The Pathophysiology of the Migraine Attack. Staflen's Wetenschappelijke Uitgeversmaatschappiy B. V., Alphen aan den Rijn, Brussel, 1980.
[15] Gowers, W. R.: A Manual of Diseases of the Nervous System. Vol. 2, p. 788, London: Churchill.
[16] Pfaffenrath, V., M. Prosiegel: Die Rolle der gestörten Thrombozytenfunktion in der Pathophysiologie der Migräne. In: Migräne (Hrsg. D. Soyka) S. 65–78. Enke-Verlag, Stuttgart 1983.
[17] Pfaffenrath, V., W. Pöllmann, G. Kufner, et al.: Migräne und Beta-Blocker. Fortschr. Neurol. Psychiat. **53** (1985) 13–23.
[18] Lance, J. W., G. A. Lambert, P. J. Goadsby et al.: Brainstem Influences on the Cephalic Circulation Experimental Data from Cat and Monkey of Relevance to the Mechanism of Migraine. Headache **23** (1983) 258–265.
[19] Moskowitz, M. A., M. Brody, L. Y. Lui-Chen: In vitro Release of Immunoreactive Substance p from Putative Afferent Nerve Endings in Brain Pia-Arachnoid. Neuroscience **9** (1983) 809–814.
[20] Moskowitz, M. a.: The Neurobiology of Vascular Headpain. Ann Neurol. **16** (1984) 157–168.
[21] Sicuteri, F., M. Fanciullaci, G. Franchi et al.: Serotonin-Bradykinin Potentiation on the Brain Receptors in Man. Life Science **4** (1965) 309–316.
[22] Edvinsson, L., A. Degueuree, D. Duverger et al.: Central Serotonergic Nerves Project to the Pial Vessels of the Brain. Nature **306** (1983) 55–57.
[23] Griffith, S. G., G. Burnstock: Immunohistochemical Demonstration of Serotonin in Nerves Supplying Human Cerebral and Mesenteric Vessels. Lancet (1983) 561–562.
[24] Sicuteri, F., G. Gatto, F. Panconesi: Hallmarks of Deficient Endogenous Opioid Homeostasis: Migraine Attack as a Quasi Self (Endorphin) Acute Abstinence. In: Updating in Headache. Eds.

V. Pfaffenrath, P.-O. Lundberg, O. Sjaastad Springer, Berlin – Heidelberg – New York – Tokyo 1985 249–263.
[25] Pearce, J. M. S.: Is Migraine Explained by Leao's Spreading Depression? Lancet *Oct. 5* (1985) 763–766.
[26] Rao, N. S., J. M. S. Pearce: Hypothalamic-Pituary-Adrenal Axis Studies in Migraine, with Special Reference to Insulin Sensitivity. Brain **94** (1971) 289–298.
[27] Skinhøy, E.: Hemodynamic Studies within the Brain During Migraine. Arch. Neurol. **29** (1973) 95–98.
[28] Sakai, F., J. S. Meyer: Regional Hemodynamics During Migraine and Cluster Headaches Measured by the 133 Xenon Inhalation Method. Headache **18** (1978) 122–132.
[29] Olesen, J., B. Larsen, M. Lauritzen: Focal Hyperaemia Followed by Spreading Oligaemia and Impaired Activation of rCBF in Classic Migraine. Ann. Neurol. **9** (1981) 344–52.
[30] Lauritzen, M., T. Skyhoj Olsen, N. A. Lassen et al.: Changes in Regional Cerebral Blood Flow During the Course of Classical Migraine Attacks. Ann. Neurol. **13** (1983) 633–641.
[31] Lauritzen, M., J. Olesen: Regional Cerebral Blood Flow During Migraine Attacks by Xenon-133-Inhalation and Emission Tomography. Brain **107** (1984) 447–61.
[32] Leao, A. A. P.: Spreading Depression of Activity in the Cerebral Cortex. J. Neurophysiol. 7 (1944) 359–390.
[33] Pfaffenrath, V., W. Pöllmann: Intervalltherapie mit Beta-Rezeptorenblockern. In: Therapie der Migräne. (Hrsg. D. Soyka). S. 29–49. Enke Verlag, 1985.
[34] Rabkin, R., D. P. Stables, N. W. Levin et al.: The Prophylactic Value of Propranolol in Angina Pectoris. Amer. J. Cardiol. **18** (1966) 370–83.
[35] Sercombe, R., P. Aubineau, L. Edvinsson et al.: Pharmacological Evidence in vitro and in vivo for Functional Beta-Receptors in the Cerebral Circulation. Pflügers Arch. **368** (1977) 368.
[36] Weerasuriya, K., L. Patel, P. Turner: Beta-Adrenoceptor Blockade and Migraine. Cephalalgia *Vol. 2* (1982) 33–45.
[37] Briggs, R. S., P. A. Milac: Timolol in Migraine Prophylaxis. Headache **19** (1979) 379–381.
[38] Turner, P.: Beta-Blocking Drugs in Migraine. Postgraduate Med. J. **60** (Suppl. 2) (1984) 51–55.
[39] Stensrud, P., O. Sjaastad: Short-Term Clinical Trial of Propranolol in Racemic Form (Inderal), d-Propranolol and Placebo in Migraine. Acta Neurol. Scand. **53** (1967) 229–232.
[40] Raskin, N. H.: Pharmacology of Migraine. Ann. Rev. Pharmacol. Toxicol. **21** (1981) 463–78.
[41] Nathan, J., A. Dvilansky, J. Sage: Effects of Propranolol and Pindolol on Platelet Aggregation and Serotonin Release. Life Sci. **20** (1977) 407.
[42] Rubegni, M., D. Provvedi, P. G. Bellini et al.: Propranolol and Platelet Aggregation. Circulation 52 (1975) 964.
[43] Weksler, B. B., J. Pink: Propranolol as a Modifier of Platelet Function by Membrane Action. Clin. Res. **23** (1975).
[44] Winther-Hansen, K., R. Klysner, T. Geisler et al.: Platelet Aggregation and Beta-Blockers. Lancet (1985), 224, 225.
[45] Joseph, R., T. J. Steiner, C. U. C. Schultz et al.: Modulation of Platelet Function by Beta-Blockers in Migraine. Neurology **35**, Suppl. 1 (1985) 270.

Beta-Rezeptorenblockade und Lungenfunktion

L. Geisler

Die Frage nach der Beeinflussung der Lungenfunktion durch Beta-Rezeptorenblokker beim Gesunden und bei chronisch obstruktiven Atemwegserkrankungen zielt letztlich auf die Frage ab, ob Beta-Rezeptorenblocker bei obstruktiven Atemwegserkrankungen in besonderen Fällen gegeben werden dürfen. Es liegt nahe, diese Frage mit einem klaren „Nein" zu beantworten. Zu Beginn der Beta-Rezeptorenblockerära wurden bei Patienten mit obstruktiven Atemwegserkrankungen, insbesondere Asthmatikern, nach therapeutischen Dosen von Beta-Blockern schwere Zwischenfälle, vereinzelt auch Todesfälle beschrieben. Auch nach Gabe beta-1-selektiver Rezeptorenblocker wurden ausgeprägte Verschlechterungen der Atemfunktionen beobachtet [3–5, 9, 10].

Eine differenziertere Betrachtungsweise des Problems zeigt jedoch, daß eine pauschale Ablehnung von Beta-Rezeptorenblockern bei obstruktiven Atemwegserkrankungen eine zu starke Vereinfachung bedeutet. Da sowohl die Mehrzahl der Patienten, die eine Indikation zur Behandlung mit Beta-Rezeptorenblockern aufweisen, wie auch die Mehrzahl der chronisch obstruktiven Atemwegskranken in etwa der gleichen Altersgruppe angehören und es sich um weit verbreitete Erkrankungen handelt, ist die Frage: Beta-Rezeptorenblocker bei obstruktiven Atemwegserkrankungen – ja oder nein, von praktischem Interesse.

Das hier anstehende Problem läßt sich in folgende Fragenkomplexe gliedern:

1. Gibt es *überhaupt* eine Indikation für Beta-Blocker bei obstruktiven Atemwegserkrankungen?
2. Welches sind die *Gefahren* der Beta-Rezeptorenblocker bei obstruktiven Atemwegserkrankungen?
3. Bei welchen *Formen obstruktiver Atemwegserkrankungen* und welchen gleichzeitigen kardiovaskulären Indikationen kommt eine Behandlung mit Beta-Rezeptorenblockern infrage?
4. Welche klinischen und lungenfunktionsanalytischen *Untersuchungen* sind erforderlich?
5. Welche *Beta-Rezeptorenblocker* können eingesetzt werden?
6. Ist eine gleichzeitige *Behandlung* mit *Beta-Sympathikomimetika* und, wenn ja, in welcher Darreichungsform erforderlich?

Beim Lungengesunden führen Beta-Rezeptorenblocker zu keiner oder einer lediglich klinisch zu vernachlässigenden geringfügigen Zunahme des Atemwegswiderstandes.

Aus gut dokumentierten Fällen von schweren Intoxikationen mit Beta-Rezeptorenblockern bei primär Lungengesunden wissen wir, daß das klinische Bild durch Hypotension bis zum kardiogenen Schock und Bradykardie bestimmt wird, fast nie jedoch durch einen klinisch relevanten Bronchospasmus.

Beim Patienten mit obstruktiven Atemwegserkrankungen ergibt sich eine völlig andere Situation, wobei wiederum zu differenzieren ist zwischen Patienten mit Asthma bronchiale und »Nichtasthmatikern« mit chronisch obstruktiven Atemwegserkrankungen. Asthma wird hierbei definiert als eine vorwiegend anfallsweise auftretende Atemwegsobstruktion auf dem Boden eines hyperreaktiven Bronchialsystems [6]. Inwieweit die bereits vor Jahren aufgestellte Hypothese von Szentivanyi, daß der Hyperreaktivität des Asthmapatienten primär eine Störung im Bereich der bronchialen Beta-Rezeptoren zugrunde liegt, zumindest teilweise Gültigkeit hat, ist nach wie vor offen [8]. Ganz sicher ist, daß eine möglicherweise genetisch bedingte Störung des Beta-Rezeptorensystems im Sinne einer geringeren Stimulierbarkeit bzw. Empfindlichkeit oder einer geringeren Anzahl von Beta-Rezeptoren des Bronchialsystems nicht die einzige Ursache der bronchialen Hyperreaktivität sein kann. Zuwenig wissen wir auch noch über die Rolle des 1972 von Burnstock gefundenen non-adrenergen inhibitorischen Systems für die Pathogenese des Asthma bronchiale, auch wenn die Arbeitsgruppe von Richardson in Montreal glaubt, auch am Tracheobronchialbaum des Menschen Hinweise für die Existenz des gleichen non-adrenergen inhibitorischen Systems gefunden zu haben [7].

Zahlreiche Untersuchungen belegen, daß beim Asthmatiker im strengen Sinne der Definition die Applikation sowohl nicht-selektiver als auch selektiver Beta-Rezeptorenblocker ohne Ausnahme zu einer Erhöhung des Atemwegswiderstandes führt, die in einzelnen Fällen fatale Ausmaße annehmen kann. Bei chronisch obstruktiven Lungenerkrankungen im Sinne einer chronisch obstruktiven Bronchitis bzw. eines obstruktiven Lungenemphysems sind die Auswirkungen einer medikamentösen Beta-Rezeptorenblockade auf den Atemwegswiderstand keineswegs einheitlich.

Schließlich ist zu diskutieren, ob ausschließlich die Beta-Rezeptoren-blockierende Wirkung von Beta-Blockern für den bronchokonstriktorischen Effekt verantwortlich ist, da dieser auch nach Gabe von Isomeren, die nur einen Bruchteil des betablockierenden Effektes wie das Razemat, aufweisen, beobachtet wurden [4, 10].

Die anfangs gestellten Fragen sind daher wie folgt zu beantworten:

1. Die *Indikation* zur Behandlung mit Beta-Rezeptorenblockern bei obstruktiven Atemwegserkrankungen ist dann zu diskutieren, wenn wegen einer gleichzeitigen kardiovaskulären Erkrankung (z. B. Hypertonie, koronare Herzkrankheit) der Einsatz eines Beta-Rezeptorenblockers *unverzichtbar* erscheint. Es liegt auf der Hand, dennoch bei dieser Befundkonstellation besonders kritisch zu überprüfen, ob nicht doch eine therapeutische Alternative für den Beta-Rezeptorenblocker besteht.

2. Die *Gefahr der Therapie* mit Beta-Rezeptorenblockern bei obstruktiven Atemwegserkrankungen besteht in der Auslösung einer latenten bzw. Verschlechterung einer bereits manifesten Atemwegsobstruktion. Die Reaktion auf die Gabe eines Beta-Rezeptorenblockers wird dabei neben dem Selektivitätsgrad auch durch die Ausgangslage des Tonus der glatten Bronchialmuskulatur sowie das Ausmaß der aktuellen cholinergen Stimulation bestimmt. Obwohl sich eine gewisse Dosiswirkungsbeziehung zwischen Beta-Rezeptorenblockade und Schweregrad der Bronchialkonstriktion nachweisen läßt, erscheint es jedoch praktisch wichtig, darauf hinzuweisen, daß selbst kleinste Gaben eines Beta-Rezeptorenblockers (z. B. in Form von beta-rezeptorenblockerhaltigen Augentropfen) zu schweren Asthmaanfällen führen können [2].

3. Beim klassischen *Asthma bronchiale*, auch in beschwerdefreien Phasen, und bei allen anderen Atemwegserkrankungen mit mittelschwerer und schwerer Bronchialobstruktion (auch wenn sie nur anamnestisch zu eruieren ist) sind Beta-Rezeptorenblocker unabhängig von ihrem Selektivitätsgrad klar kontraindiziert. Am ehesten kann eine Therapie mit Beta-Rezeptorenblockern bei *milder, klinisch und lungenfunktionsanalytisch stabiler reversibler Bronchialobstruktion*, z. B. bei einer leichten chronischen obstruktiven Bronchitis, erwogen werden. Da das obstruktive Lungenemphysem in der Regel zum Zeitpunkt klinischer Beschwerden bereits mit einer stärkeren Atemwegsobstruktion einhergeht, wird in diesen Fällen eine Behandlung mit Beta-Rezeptorenblockern nicht mehr infrage kommen.

4. Die *klinische Einschätzung* des Schweregrades der Atemwegsobstruktion genügt *nicht* zur Entscheidung, ob ein Beta-Rezeptorenblocker noch oder bereits nicht mehr infrage kommt. Einerseits ist auch für den Erfahrenen die exakte Abschätzung der Schwere der Atemwegsobstruktion mit klinischen Mitteln für die hier anstehende Problematik nicht zuverlässig genug möglich. Andererseits ist auch die subjektive Einschätzung des Grades der Atemwegsobstruktion durch den Patienten selbst in noch höherem Maße unsicher. Die Frage nach der Einsatzmöglichkeit von Beta-Rezeptorenblockern bei obstruktiven Atemwegserkrankungen ist an die *lungenfunktionsanalytische Messung von Obstruktionsparametern* gebunden. Den Idealfall stellt die ganzkörperplethysmographische Bestimmung von Atemwegswiderstand und intrathorakalem Gasvolumen dar. Bei guter Kooperation des Patienten ist jedoch auch die Bestimmung der Sekundenkapazität (FEV_1) ein zuverlässiger Parameter der Atemwegsobstruktion. Es empfiehlt sich folgendes praktische Vorgehen: Die Messung soll möglichst ohne jede antiobstruktive Vorbehandlung in den Morgenstunden (Zeitpunkt der meist am stärksten ausgeprägten Atemwegsobstruktion) vorgenommen werden. Falls möglich, sind Mehrfachuntersuchungen an aufeinanderfolgenden Tagen empfehlenswert. Danach wird die niedrigste therapeutische Dosis eines beta-1-selektiven Beta-Rezeptorenblockers per os unter klinischer Beobachtung gegeben und die Lungenfunktions-

prüfung ein bis zwei Stunden später wiederholt. Jede Verschlechterung der Lungenfunktion muß als *Kontraindikation* für eine Beta-Rezeptorenblockade gewertet werden. Als Anhaltspunkte können gelten: Abnahme der Sekundenkapazität um 15%, der Resistance um 25% des Wertes vor Medikation. Die Behandlungsmöglichkeit mit einem Beta-Blocker wird noch besser abgesichert, wenn bei dem Patienten nach mehrtägiger Behandlung mit Beta-Rezeptorenblockern eine Kontrolluntersuchung der Lungenfunktion durchgeführt werden kann.

5. Für die *Behandlung* kommen nur *beta-1-selektive* Beta-Rezeptorenblocker in betracht. In zahlreichen Untersuchungen konnte gezeigt werden, daß bei Patienten mit obstruktiven Atemwegserkrankungen die Abnahme von FEV_1 nach Gabe nicht-selektiver Beta-Blocker (z. B. Propranolol) meist stärker ausgeprägt ist als nach Gabe eines Beta-1-selektiven Blockers, wie z. b. Metoprolol. Ebenso wurde gezeigt, daß der Isoprenalineffekt auf das FEV_1 durch nicht-selektive Blocker wesentlich stärker gehemmt wird und sogar vollkommen aufgehoben werden kann, während unter beta-1-selektiven Blockern (z. B. Metoprolol) der nachteilige Effekt in der Regel geringer ausfällt oder zum Teil nicht von einer Placebowirkung zu unterscheiden ist [5, 9].

6. Die Frage, ob unter einer Therapie mit Beta-Rezeptorenblockern bei obstruktiven Atemwegserkrankungen eine laufende oder nur „bedarfsweise" *Behandlung mit Beta-Sympathikomimetika* erfolgen soll, ist klar zu beantworten: Da die Gabe von Beta-2-Sympathikomimetika bei chronischen obstruktiven Atemwegserkrankungen die Grundlage jedes Therapieregimes darstellt, bedeutet die Behandlung mit einem Beta-Rezeptorenblocker ein zusätzliches Argument für den Einsatz von Beta-2-Sympathikomimetika. Als Basistherapie empfiehlt sich dabei die orale Gabe (Retardform) eines Beta-2-Sympathikomimetikums, um eine kontinuierliche bronchospasmolytische Wirkung sicherzustellen. Bei auftretenden Beschwerden ist die zusätzliche inhalative Gabe eines Beta-2-Sympathikomimetikums indiziert [10].

   Es ist ferner wichtig, den *Patienten eingehend darüber zu instruieren,* daß die gleichzeitige Gabe eines Beta-Rezeptorenblockers nach sorgfältiger Prüfung erfolgt ist, daß die kontinuierliche Behandlung mit einem Beta-2-Sympathikomimetikum unverzichtbar ist, und daß bei Zeichen einer Verschlechterung der Atemwegsobstruktion der Arzt umgehend konsultiert und im Zweifelsfall der Beta-Rezeptorenblocker abgesetzt werden muß.

Unter Berücksichtigung aller dieser Faktoren wird es in ganz seltenen Ausnahmefällen doch möglich sein, trotz leichter Bronchialobstruktion bei einer entsprechenden dringenden kardiovaskulären Indikation und unter den genannten Vorsichtsmaßnahmen eine Behandlung mit einen beta-1-selektiven Rezeptorenblocker durchzuführen.

Zusammenfassung

1. Ein Asthma bronchiale stellt eine absolute Kontraindikation für eine Therapie mit Beta-Rezeptorenblockern dar. Das gleiche gilt für alle Formen chronisch obstruktiver Atemwegserkrankungen mit mittelschwerer oder schwerer Atemwegsobstruktion.
2. Eine Therapie mit einem Beta-Rezeptorenblocker ist am ehesten bei milder, stabiler Bronchialobstruktion, z. B. chronischer obstruktiver Bronchitis, zu erwägen, wenn gleichzeitig eine dringende kardiovaskuläre Indikation für einen Beta-Rezeptorenblocker gegeben ist. Voraussetzung ist, daß Lungenfunktionsprüfungen vor und nach Gabe des Betablockers durchgeführt werden und keine signifikante Verschlechterung nachweisbar ist. Die klinische Einschätzung des Schweregrades einer Bronchialobstruktion ist als Entscheidungskriterium unzureichend.
3. Es sollten nur beta-1-selektive Beta-Rezeptorenblocker eingesetzt werden.
4. Gleichzeitig ist eine kontinuierliche orale und inhalative Therapie mit einem Beta-2-Sympathikomimetikum (z. B. Terbutalin, Fenoterol) unerläßlich.
5. Der Patient muß eingehend instruiert und eine Langzeitkontrolle gewährleistet sein.

Literatur

[1] Burnstock, G.: Purinergic Nerves. Pharm. Rev. **24** (1972) 509.
[2] Doden, W.: beta-rezeptorenblockerhaltige Augentropfen. Dtsch. Med. Wochenschr. **10** (1984) 395.
[3] Geisler, L. (Hrsg.): Beta-Rezeptoren-Blocker. Frankfurt/Main 1980.
[4] Huckauf, H.: Über die Wirkung der Beta-Rezeptorenblocker im normalen und obstruktiven Atemwegssystem. In: Die klinische Bedeutung der Beta-1-Selektivität F. W. Lohmann. München (1984).
[5] Johnsson, G., N. Svedmyr, G. Thiringer: Effects of Intravenous Propranolol and Metoprolol and Their Interaction with Isoprenaline in Pulmonary Function, Heart Rate and Blood Pressure in Asthmatics. Europ. J. Clin. Pharmacol. **8** (1975), 175–180.
[6] Nolte, D.: Asthma. München – Wien – Baltimore 1984.
[7] Richardson, J. B.: Nonadrenergic inhibitory innervation of the lung. Lung. **159** (1981) 315.
[8] Szentivanyi, A., J. Szentivanyi: Neuester Stand der Rezeptorentheorie bei Atopie. Allergologie 6 (1983) 155.
[9] Thiringer, G, N. Svedmyr: Interaction of Orally Administered Metoprolol, Practolol and Propranolol with Isoprenaline in Asthmatics. Europ. J. Clin. Pharmacol. **10** (1976) 167–170.
[10] Wunderlich, J., H. N. Macha, H. Wudicke et al.: Beta adrenoceptor blockers and terbutaline in patients with chronic obstructive lung disease. Chest 78 (1980) 714.

Die Beeinflussung der körperlichen Leistungsfähigkeit durch Beta-Rezeptorenblocker

W. Kindermann

Die Kombination Beta-Blockade und körperliche Aktivität stellt eine häufig anzutreffende Konstellation dar, da einerseits viele mit Beta-Rezeptorenblockern behandelte Patienten noch jung und damit körperlich aktiv sind und andererseits zahlreiche Patienten (wie beispielsweise Hypertoniker oder Koronarkranke) ein regelmäßiges körperliches Training durchführen. Deshalb stellt sich zwangsläufig die Frage nach eventuellen Interaktionen zwischen Beta-Blockade und körperlichem Training, wobei insbesondere interessiert, inwieweit die Leistungsfähigkeit durch Beta-Blokkade beeinträchtigt wird. Da in Abhängigkeit von Belastungsdauer und -intensität unterschiedliche Auswirkungen bei gleichzeitiger Beta-Blockade zu erwarten sind, wird im folgenden eine entsprechende Differenzierung der Körperarbeit vorgenommen werden.

1. Supramaximale Körperarbeit

Bei kurzdauernden anaeroben Belastungen, deren Intensität die maximale Sauerstoffaufnahme zum Teil deutlich übersteigt, reduziert Beta-Blockade die Leistungsfähigkeit [21, 22, 40, 43]. Nicht-selektive Blockade scheint die Leistungsfähigkeit bei überwiegend anaerober Muskelarbeit stärker zu beeinträchtigen als $beta_1$-selektive Blockade [22, 43], Abb. 1. Die niedrigeren maximalen Laktat- und Glukosespiegel lassen vermuten, daß die Leistungsbeeinträchtigung zumindest zum Teil auf eine reduzierte anaerobe Energiebereitstellung bei gehemmter Muskelglykogenolyse zurückzuführen ist. Eine Einschränkung der Muskelglykogenolyse unter Beta-Blockade konnte sowohl im Tierversuch [14] als auch beim Menschen [13] nachgewiesen werden.

Alternativ kann die verminderte Leistungsfähigkeit bei supramaximaler Muskelarbeit durch eine behinderte Laktatfreisetzung aus der Muskelzelle in das Blut aufgrund einer reduzierten Diffusion von Laktat durch die Zellmembran oder einer reduzierten Muskeldurchblutung erklärt werden [10, 11], so daß die maximal tolerierbare intramuskuläre Laktatkonzentration früher erreicht wird und vorzeitig Erschöpfung eintritt. Dieser Umstand könnte das unter Beta-Blockade häufig geäußerte Gefühl der schnelleren Muskelermüdung erklären.

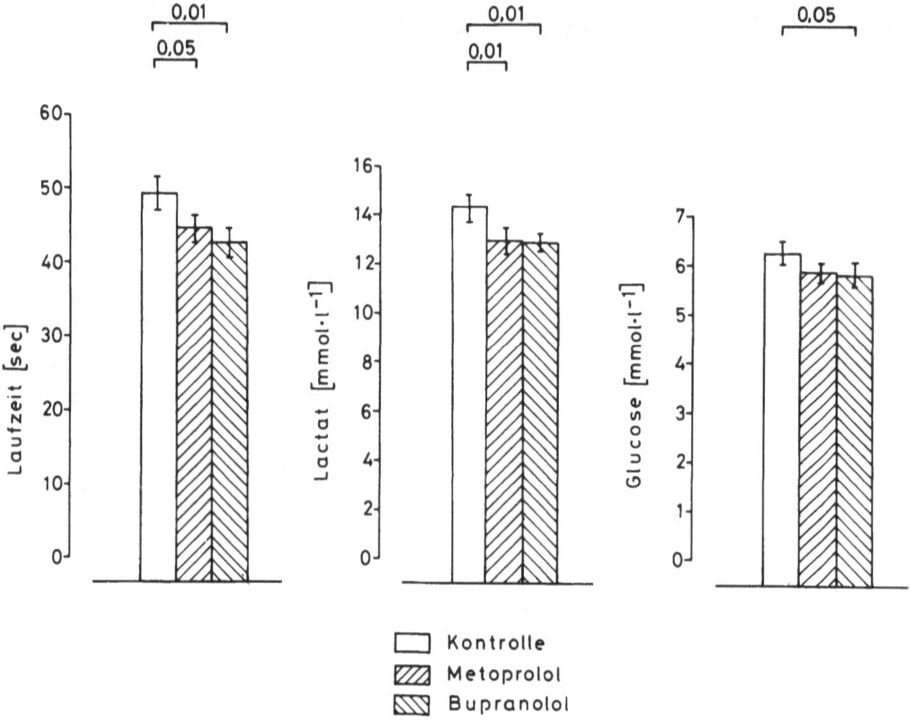

Abb. 1 Verhalten der Laufzeit im anaeroben Test als Parameter der anaeroben Ausdauer sowie der maximalen Glukose- und Laktatspiegel unter Beta-Blockade. Die angegebenen Werte in allen Abbildungen sind Mittelwerte ± Standardabweichungen. [43]

2. Maximale Körperarbeit

Maximale Sauerstoffaufnahme und gleichzeitig tolerierbare maximale Laktatkonzentration bestimmen die Höhe jener Belastungsintensität, die über mehrere Minuten aufrechterhalten werden kann. Die Befunde über das Verhalten der maximalen Sauerstoffaufnahme unter Beta-Blockade sind uneinheitlich. Es wird sowohl über eine unveränderte als auch um 5–20% reduzierte maximale Sauerstoffaufnahme berichtet [5, 7, 8, 12, 37, 38, 39], wobei unter $beta_1$-selektiver Blockade die maximale Sauerstoffaufnahme weniger beeinträchtigt zu sein scheint als unter nicht-selektiver Blockade (Übersicht 6). Die maximale Laktatkonzentration ist bei stufenweise ansteigender Belastung zur Ermittlung der maximalen Leistungsfähigkeit unter Beta-Blockade ebenso reduziert wie bei supramaximaler Körperarbeit; die maximalen Blutglukosespiegel liegen nur unter nicht-selektiver Blockade niedriger (Abb. 2).

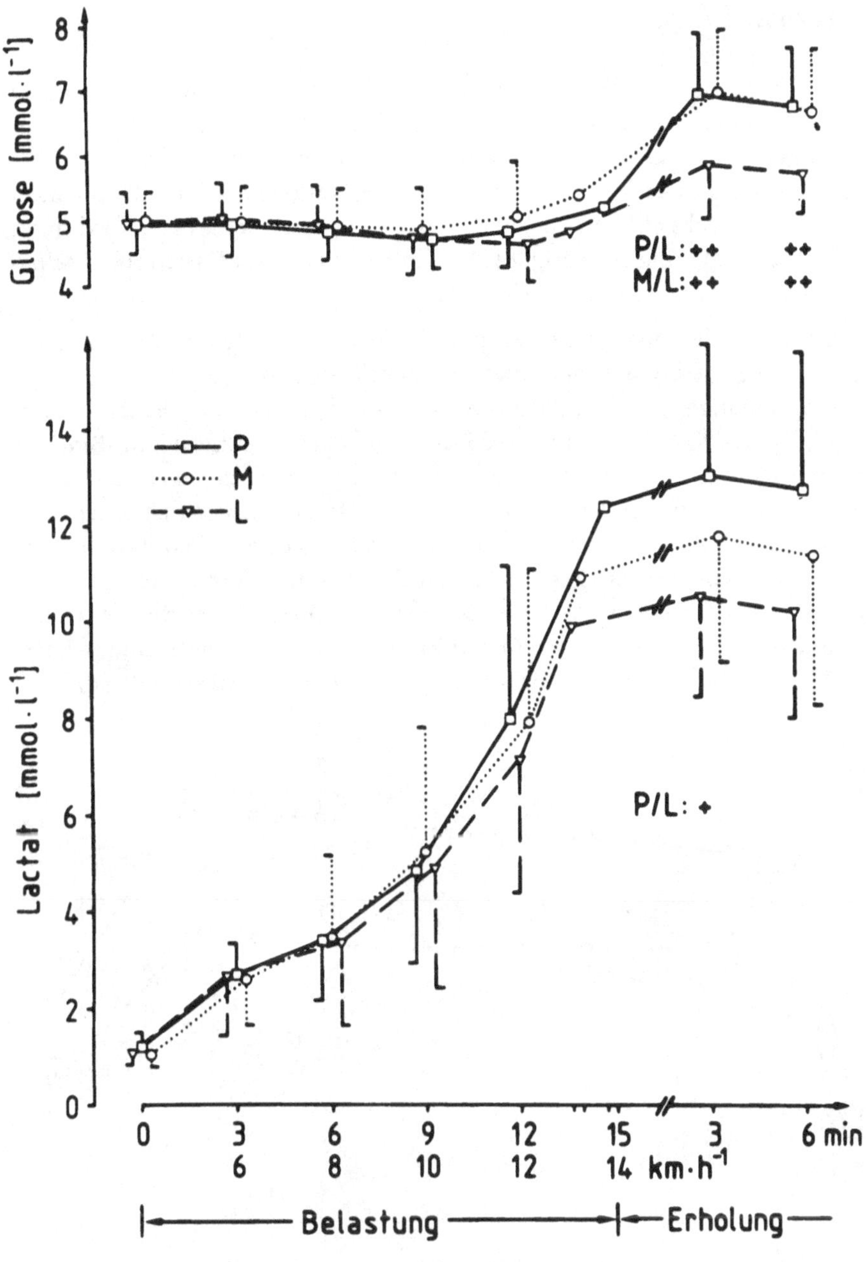

Abb. 2 Verhalten von Glukose und Laktat bei stufenweise ansteigender Belastung unter Beta-Blockade. P: Plazebo; M: $beta_1$-selektive Blockade; L: nicht-selektive Blockade. Signifikanzen: $P < 0{,}05$ = +; $P < 0{,}01$ = ++; $P < 0{,}001$ = +++. [25]

3. Submaximale Körperarbeit

Bei stufenweise ansteigender Belastung bleiben die Laktatspiegel auf submaximalen Belastungsstufen unter Beta-Blockade unverändert [25], Abb. 2 oder werden geringgradig gesenkt [39]. Auch die Blutglukosespiegel bleiben unverändert [25]. Die anaerobe Schwelle, ermittelt aus den Laktatkonzentrationen während und nach Belastung unter Berücksichtigung der individuellen Laktatkinetik [48], wird unter Beta-Blockade geringgradig erniedrigt [25]. Ebenso wird die aus Gasstoffwechselparametern abgeleitete anaerobe Schwelle gesenkt [37].

Von wesentlicher Bedeutung für den körperlich aktiven Patienten ist das Verhalten der Leistungsfähigkeit bei ausdauerorientierten Belastungen unter Beta-Blockade. Werden bei 50minütiger Laufbandbelastung mit 75% der maximalen Sauerstoffaufnahme äquipotente Dosen eines nicht-selektiven und eines selektiven Beta-Blockers mit Plazebo verglichen, so kommt es bei beiden Beta-Blockern zu einer identischen Herzfrequenzsenkung im Vergleich zu Plazebo (Abb. 3). Die Laufzeit ist unter Beta-Blockade gegenüber dem Leerversuch reduziert. Während unter Plazebo alle Probanden die vorgegebene Belastungsdauer von 50 Minuten durchhalten konnten, mußten unter beta-$_1$-selektiver Blockade 19%, unter nicht-selektiver Blockade 50% der Probanden die Belastung vorzeitig abbrechen (Abb. 4). Diese und frühere Befunde [21, 31] weisen auf eine stärkere Einschränkung der Ausdauerleistungsfä-

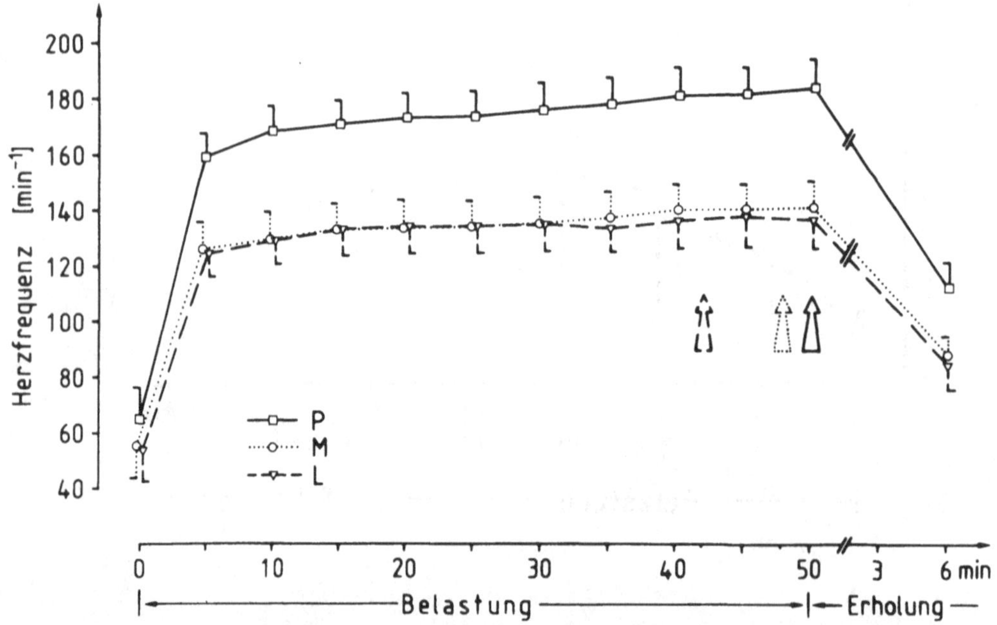

Abb. 3 Verhalten der Herzfrequenz bei Ausdauerbelastung unter Beta-Blockade (Erklärung für P, M und L s. Legende, Abb. 2). Die Pfeile stellen den Zeitpunkt des jeweiligen Belastungsabbruches dar. [25]

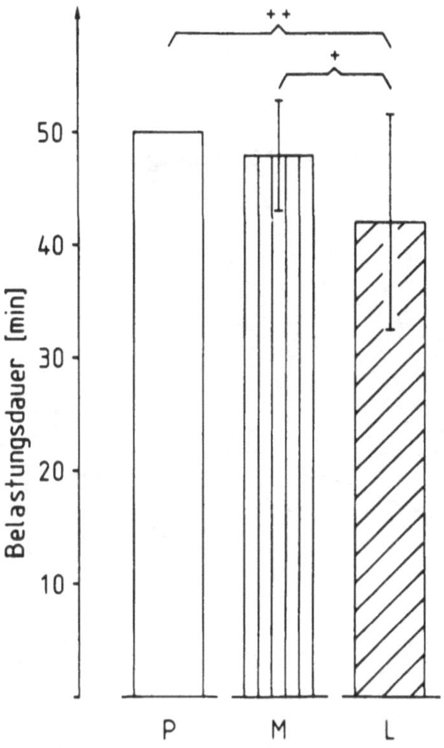

Abb. 4 Verhalten der Belastungsdauer bei Ausdauerbelastung unter Beta-Blockade (Erklärungen für P, M und L sowie der Signifikanzen s. Legende, Abb. 2). [25]

higkeit unter nicht-selektiver Blockade hin. Es kann angenommen werden, daß die nachgewiesene Verminderung der Leistungsfähigkeit im Ausdauerbereich weniger hämodynamisch als metabolisch bedingt ist. Sowohl unter selektiver als auch nicht-selektiver Blockade kann bei submaximaler Belastungsintensität die Abnahme des Herzzeitvolumens ausreichend durch eine Zunahme der arterio-venösen Sauerstoffdifferenz kompensiert werden, so daß eine belastungsadäquate Sauerstofftransportkapazität aufrechterhalten wird [5, 46].

Die Verfügbarkeit wesentlicher energieliefernder Substrate ist unter Beta-Blockade eingeschränkt. Die katecholamingesteuerte Lipolyse wird unter Beta-Blockade gehemmt (Abb. 5), so daß weniger freie Fettsäuren von der Muskulatur aufgenommen und oxidiert werden [4, 11, 13, 25, 30, 51]. Wenn angenommen wird, daß der Energieverbrauch des Organismus unter Beta-Blockade nicht wesentlich verändert ist, müssen andere Substrate vermehrt umgesetzt werden, um einer Beeinträchtigung der Ausdauerleistungsfähigkeit entgegenzuwirken. Der kompensatorisch erhöhte Kohlenhydratumsatz bei verminderter Fettverbrennung kann indirekt durch den Anstieg der respiratorischen Quotienten nachgewiesen werden [13, 37]. Unter $beta_1$-selektiver Blockade kann bei längerwährenden Belastungen von limitierter Dauer die

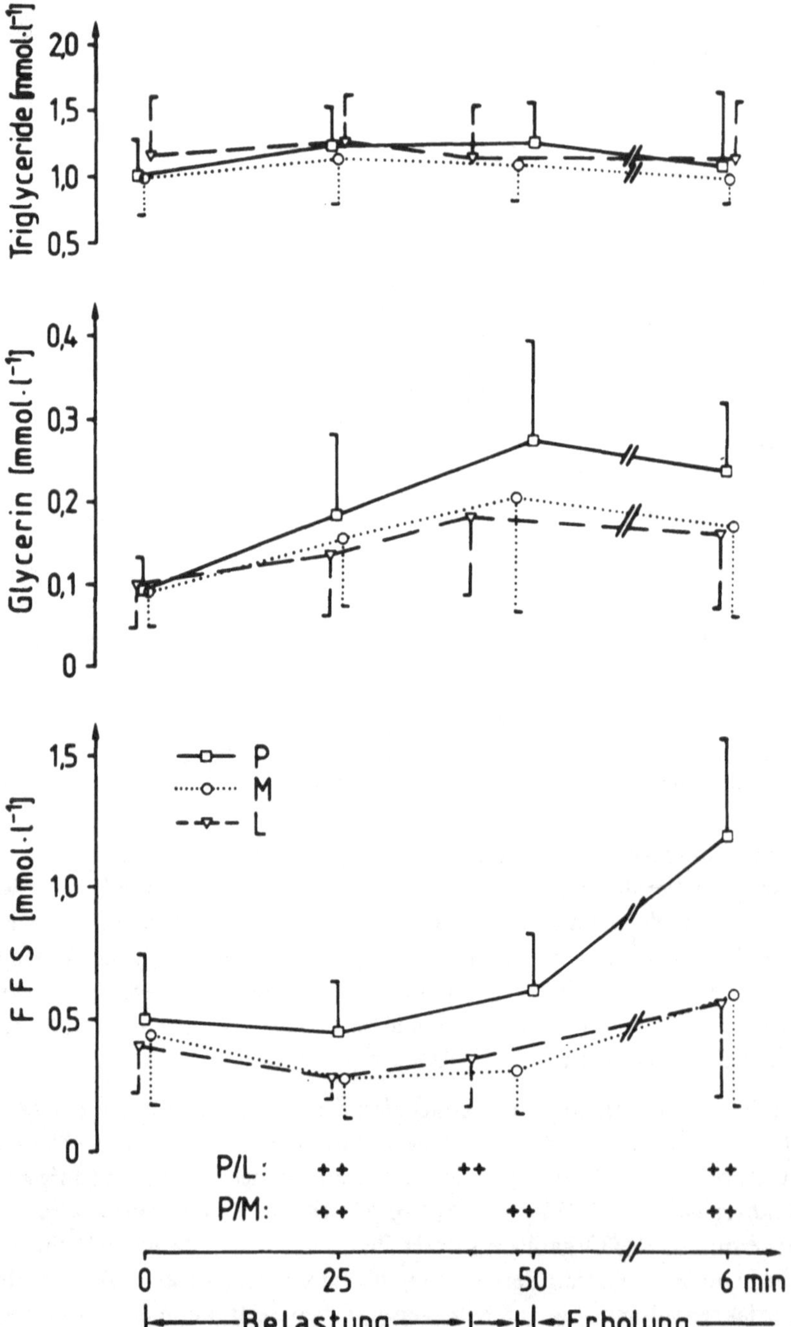

Abb. 5 Verhalten von Triglyzeriden, Glyzerin und freien Fettsäuren bei Ausdauerbelastung unter Beta-Blockade (Erklärung für P, M und L sowie der Signifikanzen s. Legende, Abb. 2). [25]

gehemmte Lipolyse über einen gesteigerten Kohlenhydratumsatz annähernd ausgeglichen werden, da die für die katecholamingesteuerte Muskelglykogenolyse wichtigen $Beta_2$-Rezeptoren [15, 49] weitgehend offen bleiben. Glukose- und Laktatspiegel im Blut werden nicht verändert (Abb. 6).

Bei nicht-selektiver Blockade können infolge der zusätzlich blockierten $Beta_2$-Rezeptoren und der damit beeinträchtigten Muskelglykogenolyse nicht genügend Kohlenhydrate über längere Zeit utilisiert werden. Die notwendige vermehrte hepatische Glukoseproduktion führt zu einer schnelleren Abnahme des Leberglykogens und damit letztlich zu absinkenden Blutzuckerspiegeln mit in Einzelfällen hypoglykämischen Werten [1, 8, 14, 25, Abb. 6]. Glukose-6-Phosphat in der Arbeitsmuskulatur ist unter nicht-selektiver Blockade ebenfalls erniedrigt [21]. Bei mehrstündigen körperlichen Belastungen ist auch unter $beta_1$-selektiver Blockade eine deutliche

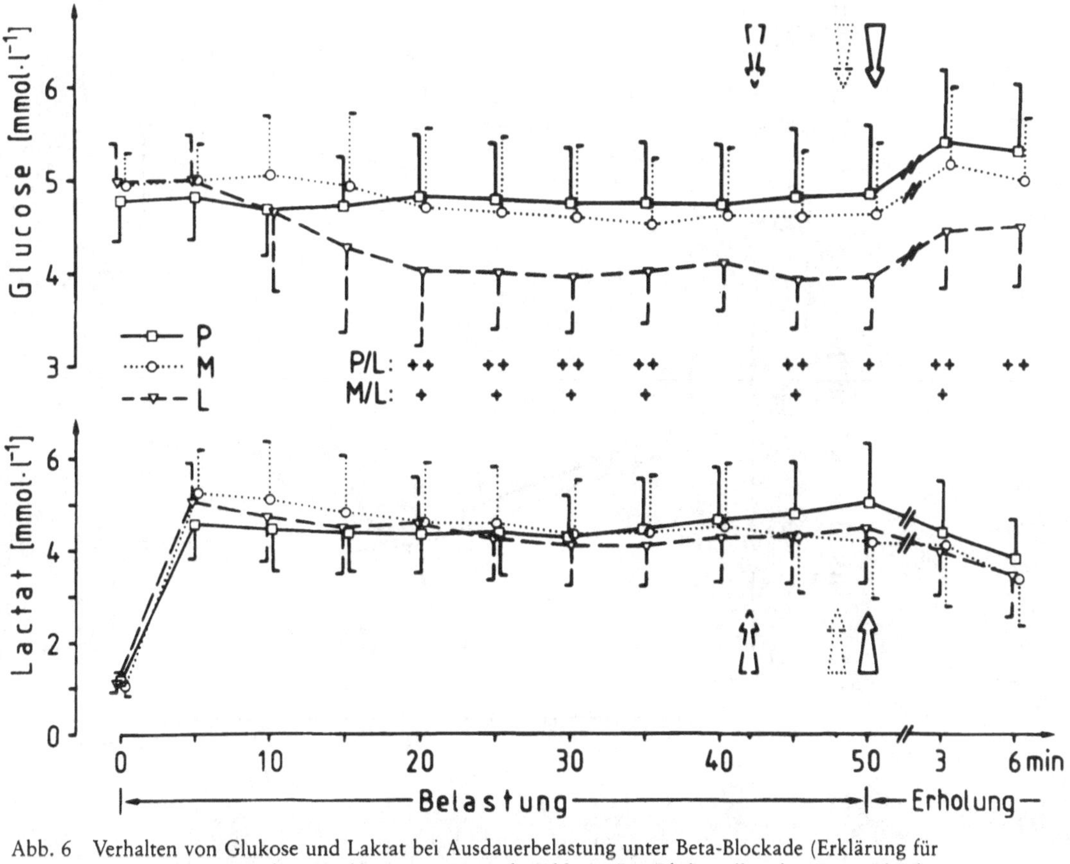

Abb. 6 Verhalten von Glukose und Laktat bei Ausdauerbelastung unter Beta-Blockade (Erklärung für P, M und L sowie der Signifikanzen s. Legende, Abb. 2). Die Pfeile stellen den Zeitpunkt des jeweiligen Belastungsabbruches dar. [25]

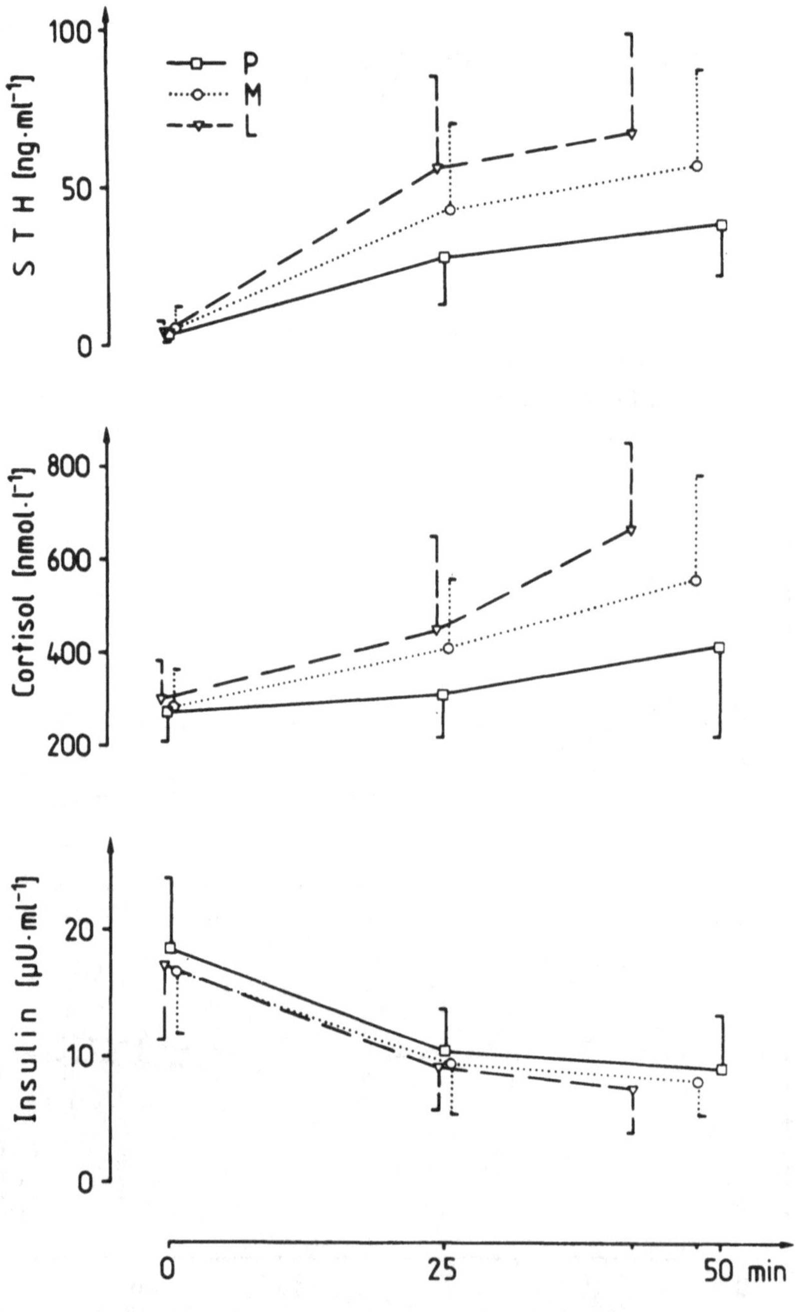

Abb. 7 Verhalten von STH, Kortisol und Insulin bei Ausdauerbelastung unter Beta-Blockade (Erklärung für P, M und L sowie der Signifikanzen s. Legende, Abb. 2). [25]

Leistungsbeeinträchtigung zu erwarten, da aufgrund der gehemmten Lipolyse die Glykogenvorräte vorzeitig aufgebraucht werden.

Die Befunde über das Verhalten des Kohlenhydratstoffwechsels unter Beta-Blockade sind nicht einheitlich. Neben einer Beeinträchtigung der Glykogenolyse mit Absinken der Blutzuckerspiegel unter nicht-selektiver Blockade existieren auch Untersuchungen, die keine Unterschiede hinsichtlich Glykogenolyse bzw. Blutzuckerspiegel zwischen $beta_1$-selektiver und nicht-selektiver Blockade nachweisen konnten [10, 11, 20, 39]. Methodische Gründe können am ehesten die divergierenden Ergebnisse erklären [14]. Je niedriger Intensität und Dauer einer submaximalen Belastung sind, um so geringer werden die Unterschiede zwischen $beta_1$-selektiver und nicht-selektiver Blockade sein.

Die Beeinflussung des Metabolismus unter Beta-Blockade führt zu gegenregulatorischen Veränderungen verschiedener Hormone. Der bei Ausdauerbelastungen unter Beta-Blockade stärkerer Anstieg von STH und Kortisol (Abb. 7) sowie der Plasmakatecholamine Adrenalin und Noradrenalin (Abb. 8) ist als Kompensationsmechanismus gegenüber den metabolischen (und bezüglich der Katecholamine auch hämodynamischen) Effekten einer Beta-Blockade anzusehen [9, 25, 30]. Unter nicht-selektiver Blockade liegen STH und Kortisol sowie die Plasmakatecholamine höher als unter $beta_1$-selektiver Blockade (Abb. 7, 8). Dieses Verhalten stellt einen weiteren Hinweis für die stärkere metabolische Beeinträchtigung unter nicht-selektiver Blockade dar. Aufgrund der unterschiedlichen Beeinflussung der Muskelglykogenolyse und des daraus resultierenden unterschiedlichen Verhaltens der Blutzuckerspiegel sind unter nicht-selektiver Blockade im Vergleich zu $beta_1$-selektiver Blokkade stärkere glukokompensatorische Mechanismen notwendig.

4. Beeinflussung der Leistungsfähigkeit durch Beta-Blockade mit sympathikomimetischer Eigenwirkung (ISA)

Beta-Blocker mit ISA unterscheiden sich hinsichtlich des Verhaltens der körperlichen Leistungsfähigkeit nicht von Beta-Blockern ohne ISA. Maximale Laufbandgeschwindigkeit, maximale Sauerstoffaufnahme sowie maximale Laktat- und Glukosespiegel verhalten sich bei gleicher Frequenzsenkung ähnlich (Abb. 9). Beide verglichenen Substanzen sind $beta_1$-selektive Blocker. Auch Laufzeit bzw. Laufstrecke bei vorgegebener submaximaler Belastungsintensität von 75% der maximalen Sauerstoffaufnahme zeigen keinen Unterschied zwischen Beta-Blockade mit und ohne ISA, wobei weiderum die Frequenzsenkung identisch ist (Abb. 10). Die Blutglukosespiegel zeigen unter beiden Beta-Blockern einen konstanten Verlauf während der gesamten Belastungszeit und sind identisch mit Plazebo (Abb. 11). Die teilweise signifikant höheren Laktatspiegel unter beiden Beta-Blockern im Vergleich zu Plazebo können als Ausdruck eines erhöhten Kohlenhydratumsatzes bei gehemmter

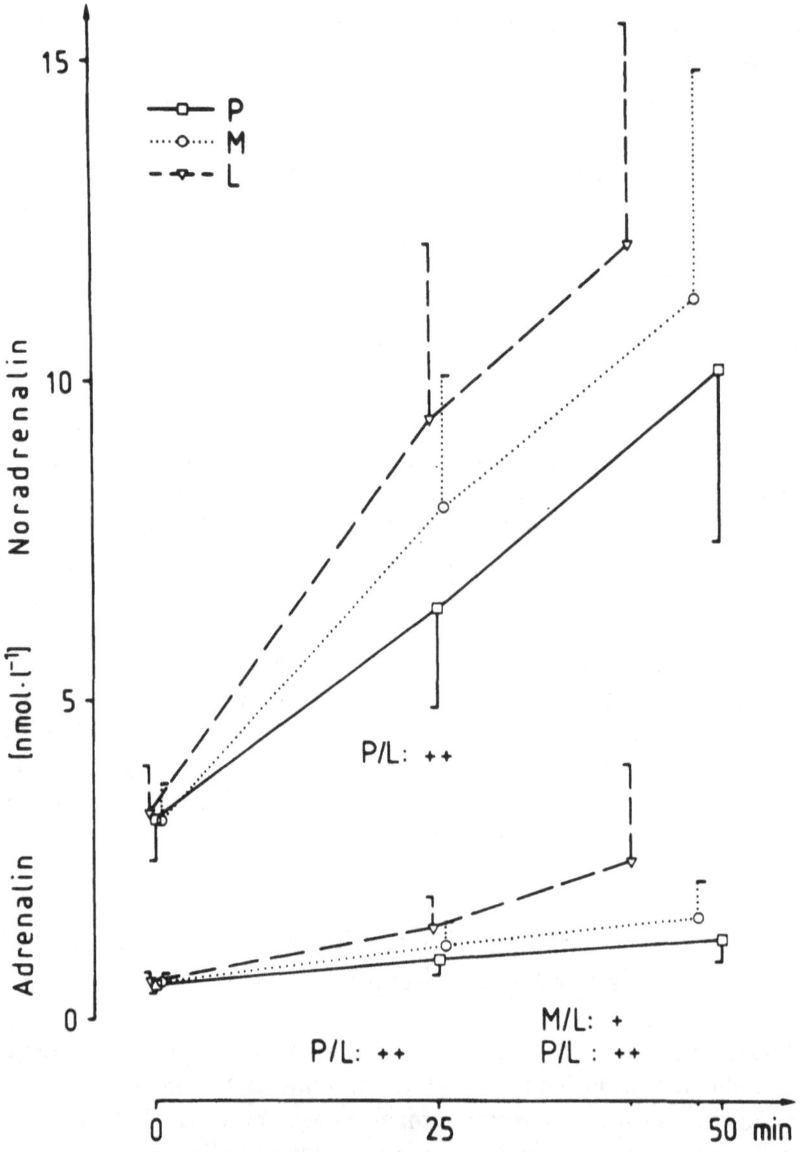

Abb. 8 Verhalten von Adrenalin und Noradrenalin bei Ausdauerbelastung unter Beta-Blockade (Erklärung für P, M und L sowie der Signifikanzen s. Legende, Abb. 2). [25]

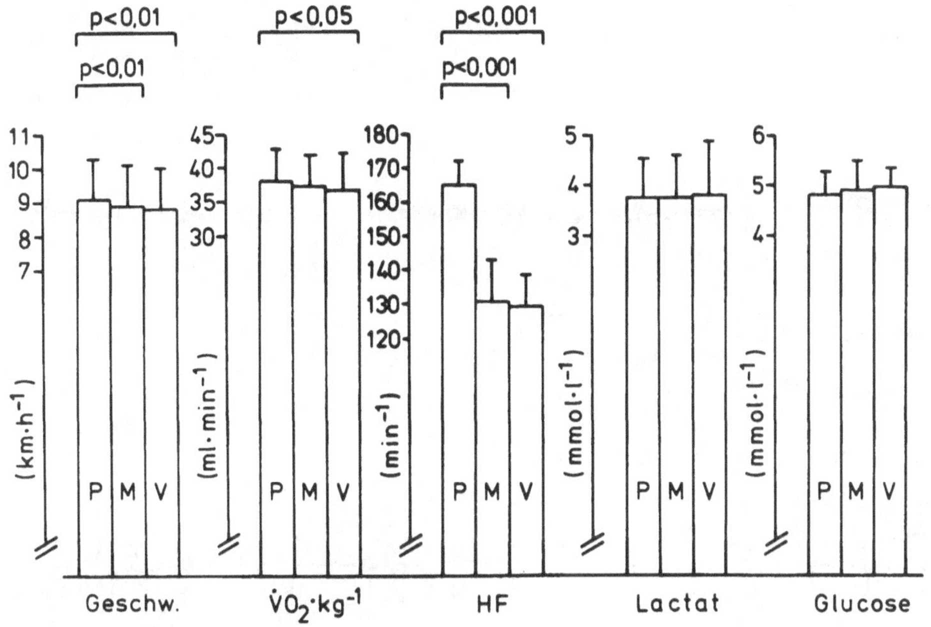

Abb. 9 Verhalten von maximaler Laufbandgeschwindigkeit, maximaler Sauerstoffaufnahme, maximaler Herzfrequenz sowie maximaler Laktat- und Glukosekonzentration unter Beta-Blockade ohne und mit ISA. P = Plazebo; M = $beta_1$-selektive Blockade ohne ISA; V = $beta_1$-selektive Blockade mit ISA.

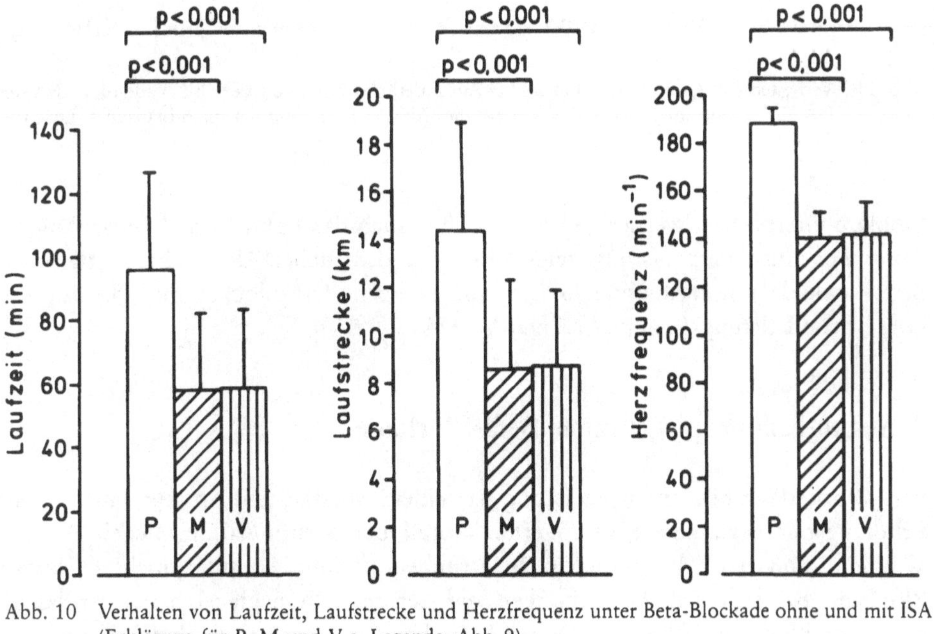

Abb. 10 Verhalten von Laufzeit, Laufstrecke und Herzfrequenz unter Beta-Blockade ohne und mit ISA (Erklärung für P, M und V s. Legende, Abb. 9).

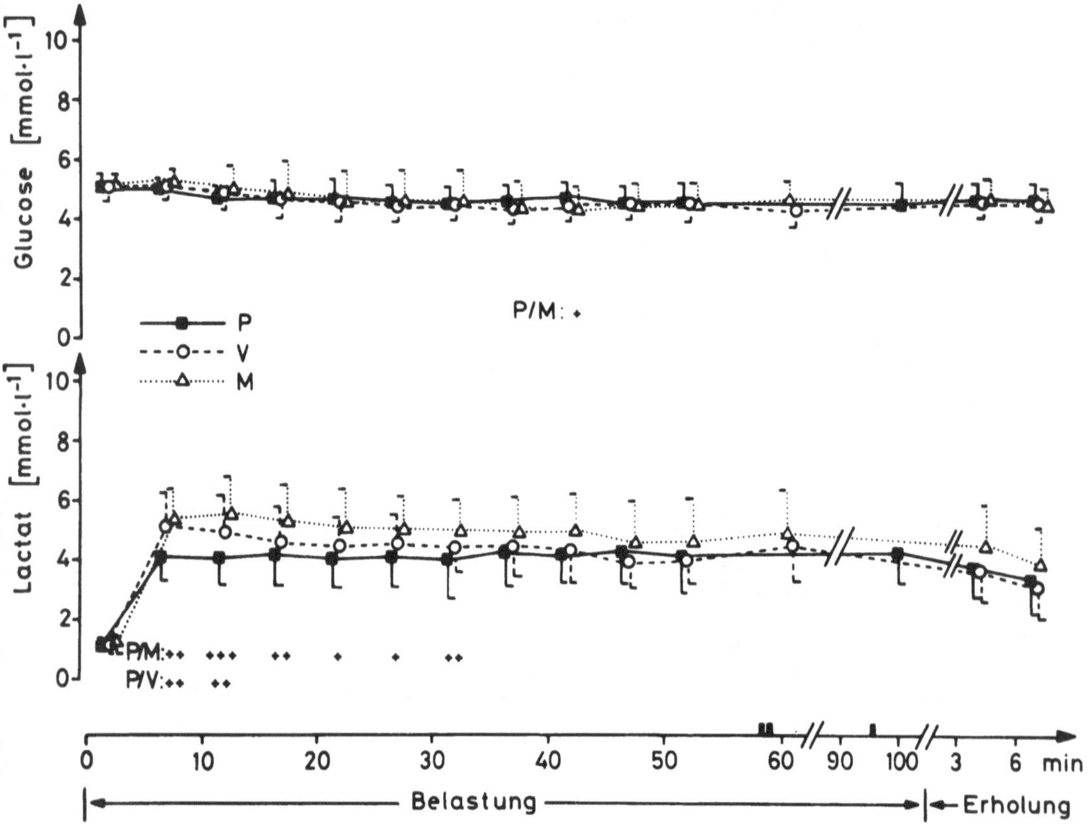

Abb. 11 Verhalten von Glukose und Laktat bei Ausdauerbelastung unter Beta-Blockade ohne und mit ISA (Erklärung für P, M und V s. Legende, Abb. 9; Erklärung der Signifikanzen s. Legende, Abb. 2).

Lipolyse interpretiert werden (Abb. 11). Aber auch das Laktatverhalten bei längerdauernder Ausdauerbelastung zeigt keine grundsätzlichen Unterschiede zwischen Beta-Blockade mit und ohne ISA. Somit besitzen Beta-Blocker mit ISA für die körperliche Leistungsfähigkeit keinen Vorteil.

5. Serum-Kaliumspiegel unter Beta-Blockade

Beta-Blockade führt unter Belastung zu einem verstärkten Anstieg und in der Erholungsphase zu einem verzögerten Abfall der Serum-Kaliumspiegel [3, 27]. Während und nach körperlichen Belastungen kommt es unter nicht-selektiver Blockade zu stärkeren Auslenkungen der Serum-Kaliumspiegel als unter $beta_1$-selektiver Blockade (Abb. 12). Dieses Verhalten wird ursächlich dadurch bedingt,

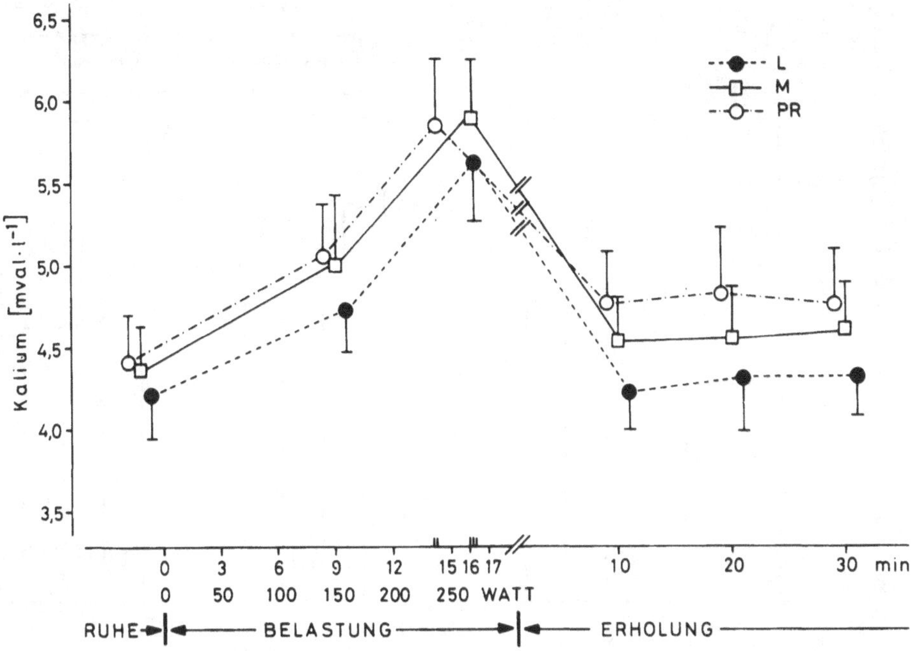

Abb. 12 Verhalten der Serum-Kaliumspiegel vor, während und nach ergometrischer Belastung nach 12wöchiger Beta-Blockade. L = Plazebo; M = $beta_1$-selektive Blockade; PR = nicht-selektive Blockade. [27]

daß der transmembranöse Kaliumtransport im Skelettmuskel unter Belastungsbedingungen vorwiegend über $Beta_2$-Rezeptoren vermittelt wird. Veränderte Serum-Kaliumspiegel können auf der Basis einer modifizierten Erregbarkeit der Skelettmuskulatur die körperliche Leistungsfähigkeit beeinträchtigen.

6. Chronische Beta-Blockade

Die meisten Studien hinsichtlich der Beeinflussung der körperlichen Leistungsfähigkeit wurden unter akuter Beta-Blockade durchgeführt. Die wenigen Studien unter chronischer Beta-Blockade lassen aber vermuten, daß die Leistungsbeeinträchtigung auch bei längerdauernder Verabreichung von Beta-Blockern persistiert [21]. Die Ausdauerleistungsfähigkeit, gemessen an der Leistungsfähigkeit der individuellen anaeroben Schwelle bei stufenweise ansteigender Belastung, ist nach zwölfwöchiger $beta_1$-selektiver Blockade um 6%, nach zwölfwöchiger nicht-selektiver Blockade um 11% im Vergleich zum Ausgangswert reduziert; zwischen vierwöchiger und zwölfwöchiger Behandlung besteht kein wesentlicher Unterschied hinsichtlich der Reduktion der Leistungsfähigkeit (Abb. 13). Auch die maximalen Blutlaktatspiegel liegen nach zwölfwöchiger Beta-Blockade deutlich niedriger als vor Beta-Blockade

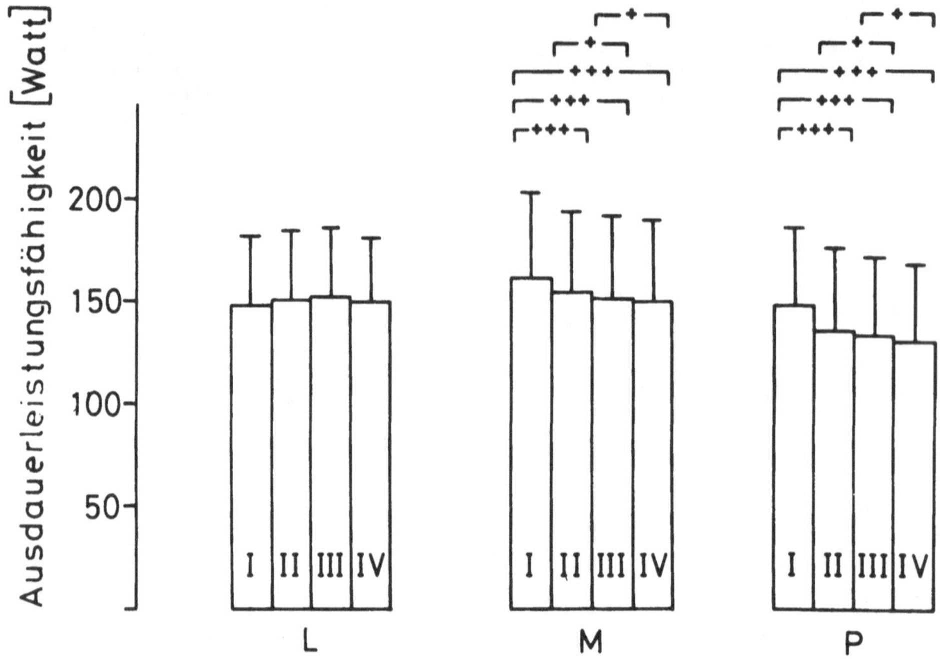

Abb. 13 Verhalten der Ausdauerleistungsfähigkeit bei chronischer Beta-Blockade (I = Ausgangswert; II = nach 4 Wochen; III = nach 8 Wochen; IV = nach 12 Wochen). L = Plazebo; M = $beta_1$-selektive Blockade; P = nicht-selektive Blockade (Erklärung der Signifikanzen s. Legende, Abb. 2).

(Abb. 14). Dem stehen allerdings Befunde gegenüber, die bei mehrmonatiger Beta-Blockade eher eine geringere Leistungsbeeinträchtigung vermuten lassen als bei akuter Beta-Blockade [8, 30]. Insbesondere die Beeinflussung des Fettstoffwechsels bzw. die Beeinträchtigung der Fettverbrennung scheint bei chronischer Beta-Blokkade geringer zu sein [8, 9, 30], sodaß der Kohlenhydratstoffwechsel entlastet wird.

Die an Normalpersonen erhobenen Befunde einer geringeren Beeinflussung der Leistungsfähigkeit unter $beta_1$-selektiver Blockade sind auch auf hypertensiver Patienten übertragbar. Bei annähernd gleicher Reduktion des arteriellen Blutdruckes unter $beta_1$-selektiver Blockade und nicht-selektiver Blockade findet sich auch bei Hypertonikern eine stärkere Beeinträchtigung der Leistungsfähigkeit unter nicht-selektiver Blockade [21].

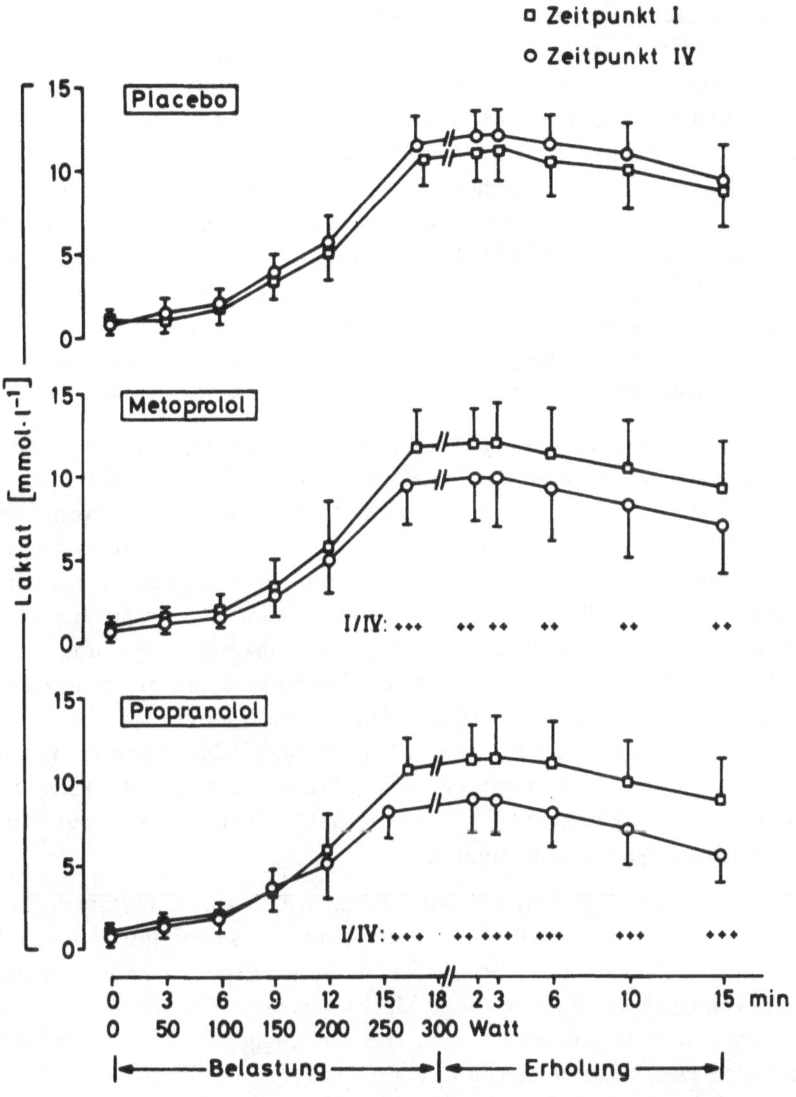

Abb. 14 Verhalten der Blutlaktatspiegel während und nach stufenweise ansteigender Fahrradergometrie unter Beta-Blockade (I = Ausgangswert; IV = nach 12 Wochen). Erklärung der Signifikanzen s. Legende, Abb. 2.

7. Beta-Blockade bei Leistungssport

Sportarten, die nur wenige Sekunden dauern und ein hohes Maß an Kraft, Schnellkraft, Schnelligkeit oder Koordinationsvermögen erfordern wie Gewichtheben, Wurf- und Stoßdisziplinen sowie Sprungdisziplinen der Leichtathletik oder Sprints über 30–50 m werden wahrscheinlich durch Beta-Blockade nicht beeinflußt [21, 40]. Dabei ist zusätzlich zu berücksichtigen, daß bei diesen Sportlern der Anteil der weißen Muskelfasern (fast twitch) überwiegt, und daß die Leistungsfähigkeit unter Beta-Blockade bei einem hohen Anteil an roten Muskelfasern (slow twitch) wahrscheinlich stärker beeinträchtigt wird [21]. Eine Behinderung der Energiefreisetzung über die energiereichen Phosphate, die die Hauptenergiequelle bei diesen Belastungen darstellt, konnte bisher am Menschen nicht nachgewiesen werden.

Die sportartspezifische Leistungsfähigkeit wird unter Beta-Blockade in jenen Sportarten reduziert werden, in denen die laktazid-anaeroben und aeroben Mechanismen wesentliche leistungslimitierende Bedeutung haben. Das betrifft sowohl vorwiegend anaerobe Belastungen, wie beispielsweise 200- oder 400 m-Läufe, als auch auch längerdauernde Belastungen, wie Langstreckenlauf, Skilanglauf, Radfahren oder ähnliches. Bei einem 3000 m oder 5000 m-Lauf kann es dem Sportler unter Beta-Blockade zwar möglich sein, das vorgelegte gleichmäßige Tempo über längere Zeit mitzuhalten; spätestens bei der obligaten Tempoverschärfung im letzten Teil der Belastung wird er nicht mehr folgen können und über ein plötzlich eintretendes Gefühl von „schweren" oder „dicken" Beinen klagen. Bei mehrstündigen Belastungen führt die gehemmte Fettverbrennung aufgrund der eingeschränkten Lipolyse zu einer vorzeitigen Entleerung der nur beschränkt vorhandenen Glykogenvorräte und damit zur Leistungsbeeinträchtigung.

Bei Sportarten wie Auto- und Motorradrennen, Bobfahren, Flugsport, Fallschirmspringen, Sportschießen, Golf, Kegeln und Bowling (sowie unter Umständen auch Skispringen und Ski alpin), bei denen die sportartspezifische Leistungsfähigkeit weniger von den energieumsetzenden Mechanismen, sondern mehr von anderen wie psychischen und koordinativen Faktoren abhängig ist, kann Beta-Blockade in Einzelfällen sogar leistungssteigernd wirken [23, 24, 26, 33, 45, 47, 50]. Ähnliches ist bekannt von psychischen Streßsituationen wie beispielsweise Examen oder öffentlichen Auftritten [2, 29]. Ein inadäquat hoher Anstieg des Herzzeitvolumens mit entsprechend hoher Herzfrequenz kann sich ebenso störend auf den Wettkampf auswirken wie das Auftreten von somatischen Begleitsymptomen der Angst wie Schwitzen und Tremor. Zusätzlich können erhebliche Extrasystolien auftreten [23, 24]. Beta-Blockade kann die überschießende Herz-Kreislaufleistung auf ein adäquates Maß reduzieren und die Angstsymptomatik günstig beeinflussen. In Abbildung 15 ist der Einfluß einer Beta-Blockade bei Autorennfahrern dargestellt. Nicht nur die Herzfrequenz, sondern auch die Häufigkeit von Extrasystolen wird unter Beta-Blockade deutlich gesenkt. Andererseits kann bei potentiell gefährlichen Sportarten,

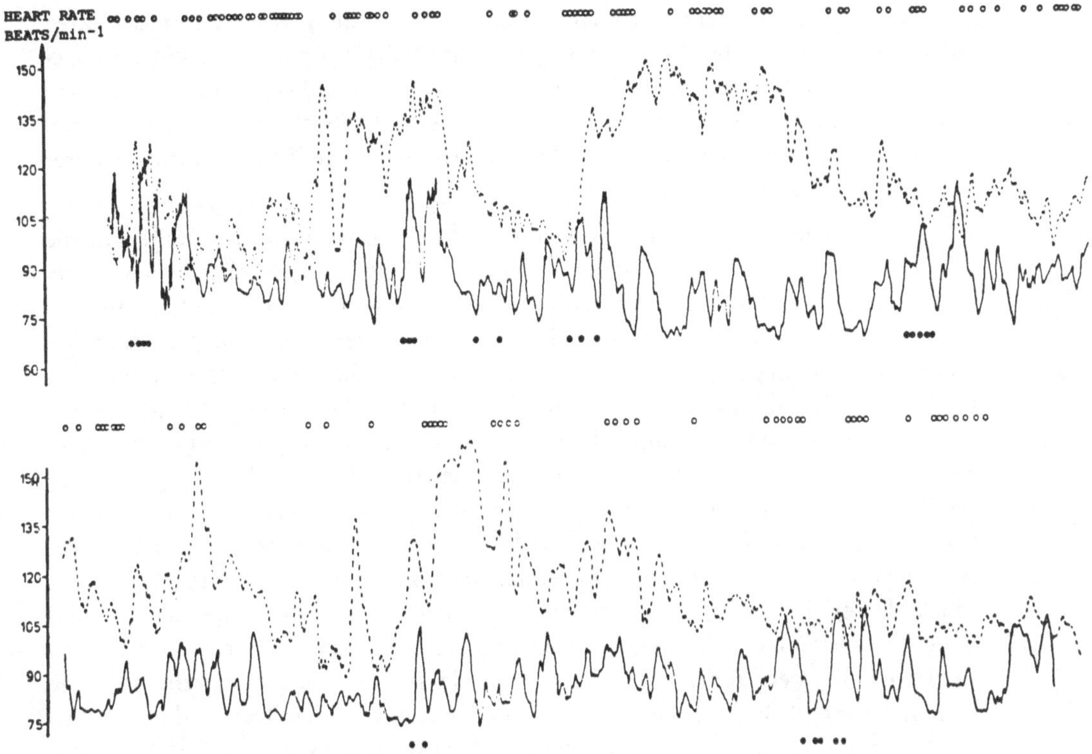

Abb. 15 Verhalten der Herzfrequenz und Häufigkeit der Extrasystolen bei Autorennfahrern unter Beta-Blockade [32, 33].
Herzfrequenz ohne Beta-Blockade: – – – –
Herzfrequenz mit Beta-Blockade: ———
Extrasystolie ohne Beta-Blockade: ○○○○○
Extrasystolie mit Beta-Blockade: ●●●●●

wie Autorennen oder Fallschirmspringen, eine zusätzliche Gefährdung durch Beta-Blockade aufgrund einer nunmehr größeren Risikobereitschaft nicht ausgeschlossen werden. Reaktions- und Konzentrationsvermögen werden offenbar nicht negativ beeinflußt [16, 42]. Leistungssteigerung durch Beta-Blockade stellt im Spitzensport eine pharmakologische Manipulation der Leistungsfähigkeit dar. Für die nächsten Olympischen Spiele sind in bestimmten Sportarten (z. B. Schießen) Dopingkontrollen für Beta-Blocker vorgesehen.

8. Interaktion zwischen Beta-Blockade und körperlichem Training

Bei gesundheitssportlichen und rehabilitativen Aktivitäten ist die Beeinträchtigung der Leistungsfähigkeit im supramaximalen und maximalen Bereich von untergeordneter Bedeutung, da die adäquaten Belastungsintensitäten niedriger liegen und eine maximale Inanspruchnahme der Glykolyse zur Ausbildung von Trainingseffekten nicht notwendig und bei Patienten sogar kontraindiziert ist. Regelmäßig durchgeführte Ausdauerbelastungen mit Intensitäten zwischen 60–70% der maximalen Sauerstoffaufnahme sind zur Erzielung von gesundheitseffektiven Adaptationen ausreichend. Deshalb sind für Gesundheitssport und Rehabilitation allein die unter 3. beschriebenen Veränderungen relevant.

Von wesentlicher praktischer Bedeutung ist die Beantwortung der Frage, ob die Ausbildung von Trainingseffekten durch regelmäßige körperliche Aktivität bei gleichzeitiger Beta-Blockade unbehindert abläuft oder nicht. Mehrere Studien weisen auf die Bedeutung des sympathischen Systems bei der Entwicklung trainingsbedingter Veränderungen hin [19, 36, 44]. Die bisher vorliegenden Befunde über den Einfluß von Beta-Blockade bei gleichzeitigem körperlichem Training sind kontrovers. Es wird sowohl über ähnliche quantitative Veränderungen bei körperlichem Training ohne zusätzliche Medikation im Vergleich mit körperlichem Trainung und gleichzeitiger Beta-Blockade [32, 34, 35] als auch über eine geringere Zunahme der maximalen Sauerstoffaufnahme [41] und fehlende gefäßprotektive Veränderungen des Fettstoffwechsels [28] bei körperlichem Training in Verbindung mit Beta-Blockade berichtet. Im Tierexperiment wurde eine stärkere trainingsbedingte Senkung der Ruhe- und Belastungsherzfrequenz bei trainierenden Tieren im Vergleich zu Tieren die gleichzeitig unter Beta-Blockade standen, nachgewiesen [18]. Die Aktivität wesentlicher aerober Enzyme stieg bei trainierenden Tieren stärker an als bei Tieren, die trainierten und unter gleichzeitiger Beta-Blockade standen [17]. Beta-Blockade allein ohne zusätzliches Training führt zu keinen Trainingseffekten im Sinne von morphologisch faßbaren Anpassungserscheinungen [17]. Aufgrund der Literaturbefunde kann hypothetisiert werden, daß Trainingseffekte auch unter gleichzeitiger Beta-Blockade möglich sind, aber zur vollen kardio-zirkulatorischen und metabolischen Adaptation wahrscheinlich ein intaktes sympathisches Nervensystem notwendig ist.

9. Schlußfolgerungen

Bei supramaximaler und maximaler Körperarbeit führt Beta-Blockade zu einer Einschränkung der Leistungsfähigkeit, in erster Linie aufgrund einer Beeinträchtigung des anaeroben Metabolismus. Nicht-selektive Beta-Blockade führt zu einer stärkeren Leistungseinschränkung als $beta_1$-selektive Blockade.

Bei zeitlich limitierter Ausdauerbelastung wird die Leistungsfähigkeit unter $beta_1$-selektiver Blockade deutlich weniger beeinträchtigt als unter nicht-selektiver Blokkade. Im Einzelfall können unter nicht-selektiver Blockade hypoglykämische Reaktionen auftreten. Bei Sportarten, die vorwiegend psychische Streßbelastungen darstellen oder bei psychischen Streßsituationen im Alltag kann Beta-Blockade über eine Senkung des inadäquat hoch angestiegenen Herzzeitvolumens und eine Beeinflussung von somatischen Begleitsymptomen der Angst leistungssteigernd wirken.

Das Verhalten der körperlichen Leistungsfähigkeit zeigt keine Unterschiede zwischen Beta-Blockern mit und ohne sympathikomimetische Eigenwirkung.

Da aus therapeutischer Sicht lediglich die Blockade der $Beta_1$-Rezeptoren notwendig ist und die zusätzliche Blockade der $Beta_2$-Rezeptoren keinen zusätzlichen therapeutischen Effekt bringt, sollten körperlich aktive Patienten mit $beta_1$-selektiven Blokkern behandelt werden.

Literatur

[1] Aigner, A., N. Muß, F. Krempler et al.: Einfluß einer akuten $Beta_1$- und $Beta_{1/2}$-Rezeptorenblockade auf den Kohlenhydrat- und Fettstoffwechsel unter Belastungsbedingungen. Dtsch. med. Wschr. **108** (1983) 293–298.

[2] Brewer, C.: Beneficial effects of beta-adrenergic blockade on „exam nerves". Lancet II (1972) 814–815.

[3] Carlsson, E., E. Fellenius, P. Lundberg et al.: Betaadrenoceptor blockers, plasma-potassium and exercise. Lancet II (1978) 424–425.

[4] Day, I. L.: The metabolic consequences of adrenergic blockade – a review. Metabolism **24** (1975) 987–996.

[5] Ekblom, B., A. N. Goldberg, Å. Kilbom et al.: Effect of atropine and propranolol on the oxygen transport system during exercise in man. Scand. J. Clin. Lab. Invest. **30** (1972) 35–43.

[6] Fellenius, E.: Muscle fatigue and beta-blockers-a review. Int. J. Sports. Med. **4** (1983) 1–8.

[7] Folgering, A., M. van Bussel: Maximal exercise power after a single dose of metoprolol and of slow-release metoprolol. Eur. J. Clin. Pharmacol. **18** (1980) 225–229.

[8] Franz, I. W., W. Lohmann: Der Einfluß einer chronischen sog. kardioselektiven und nichtkardioselektiven Beta-Rezeptorenblockade auf den Blutdruck, die Sauerstoffaufnahme und den Kohlenhydratstoffwechsel. Z. Kardiol. **68** (1979) 503–509.

[9] Franz, I. W., W. Lohmann, G. Koch et al.: Aspects of hormonal regulation of lipolysis during exercise: effects of chronic beta-receptor blockade. Int. J. Sports. Med. **4** (1983) 14–20.

[10] Frisk-Homberg, M., L. Jorfeld, A. Juhlin-Dannfelt et al.: Metabolic changes in muscle on long term alprenolol therapy. Clin. Pharmacol. Ther. **26** (1979) 566–571.

[11] Frisk-Holmberg, M., L. Jorfeld, A. Juhlin-Dannfelt: Metabolic effects in muscle during antihypertensive therapy with $beta_1$- and $beta_1$/$beta_2$-adrenoceptor blockers. Clin. Pharmacol. Ther. **30** (1981) 611–618.

[12] Furberg, C.: Adrenergic beta-blockade and physical work capacity. Acta Med. Scand. **182** (1967) 119–127.

[13] Galbo, H., J. J. Holst, N. J. Christensen et al.: Glucagon and plasma catecholamines during beta-receptor blockade in exercising man. J. Appl. Physiol. **40** (1976) 855–863.

[14] Gorski, J., K. Pietrzyk: The effect of beta-adrenergic blockade on intramuscular glycogen mobilization during exercise in the rat. Eur. J. Appl. Physiol. **48** (1982) 201–205.

[15] Gross, S. R., S. E. Mayer: Regulation of phosphorylase B to A conversion im muscle. Life Sci. **14** (1974) 401–414.

[16] Harms, D., E. Pachale, D. Nechvatal: Vigilanz und Beta-Blockade. Fortschr. Med. **99** (1981) 313–317.

[17] Harri, M. N. E.: Physical training under the influence of beta-blockade in rats. II. Effects on vascular reactivity. Eur. J. Appl. Physiol. **42** (1979) 151–157.

[18] Harri, M. N. E., I. Narvola: Physical training under the influence of beta-blockade in rats: Effect on adrenergic responses. Eur. J. Appl. Physiol. **41** (1979) 199–210.

[19] Henriksson, J., J. Svedenhag, E. A. Richter et al.: Significance of the sympatho-adrenal system for the exercise-induced enzymatic adaptation of skeletal muscle. Acta Physiol. Scand. **105** (1979) 38 A.

[20] Juhlin-Dannfelt, A. C., S. E. Terblance, R. D. Fell et al.: Effects of β-adrenergic receptor blockade on glycogenolysis during exercise. J. Appl. Physiol. **53** (1982) 549–554.

[21] Kaiser, P: Physical performance and muscle metabolism during β-adrenergic blockade in man. Acta Physiol. Scand. Suppl. **536** (1984).

[22] Karlsson, J., T. Kjessel, P. Kaiser: Alpine skiing and acute beta-blockade. Int. J. Sports. Med. **4** (1983) 190–193.

[23] Keul, J., G. Huber, W. Kindermann, et al.: Die Wirkung eines neuartigen Beta-Rezeptorenblockers (Bunitrolol) auf Kreislauf und Stoffwechsel unter extremen Streßbedingungen. Med. Welt **27** 437–443.

[24] Kindermann, W., J. Keul: Betablocker bei hyperadrenergen Belastungen. Cardiology **63**, Suppl 1 (1978) 21–25.

[25] Kindermann, W., W. Scheerer, O. Salas-Fraire et al.: Verhalten der körperlichen Leistungsfähigkeit und des Metabolismus unter akuter $Beta_1$- und $Beta_{1/2}$-Blockade. Z. Kardiol. 73 (1984) 380–387.

[26] Kopp, K. H., G. Huber, J. Keul: Veränderungen von Herzfrequenz und Stoffwechselparametern im Blut beim Fallschirmspringen. Dtsch. Z. Sportmed. **29** (1978) 44–49.

[27] Kullmer, T., Kindermann W.: Physical performance and serum potassium under chronic beta-blockade. Eur. J. Appl. Physiol. **54** (1985) 350–354.

[28] Lawlor, M. R., D. P. Thomas, J. J. Michele et al.: Effects of chronic β-adrenergic blockade on hemodynamic and metabolic responses to endurance training. Med. Sci. Sports **17** (1985) 393–400.

[29] Lidén, S., C. G. Gottfries: Beta-blocking agents in the treatment of catecholamine-induced symptoms in musicians. Lancet **II** (1974) 529.

[30] Lohmann, F. W.: Die Beeinflussung des Stoffwechsels durch Beta-Rezeptoren-Blocker. Klin. Wschr. **59** (1981) 49–57.

[31] Lundborg, P., H. Åström, C. Bengtsson et al.: Effect of beta-blockade on exercise performance and metabolism. Clin. Sci. **61** (1981) 229–305.

[32] Mc Leod, A. A., W. E. Kraus, R. S. Williams: Effects of $beta_1$-selective and nonselective beta-adrenoceptor blockade during exercise conditioning in healthy adults. Am. J. Cardiol. **53** (1984) 1656–1661.

[33] Moser, B., W. Hilmer: Zur Beta-Sympathikolyse bei Sportschützen. Dtsch. Z. Sportmed. **28** (1977) 352–357.

[34] Nylander, E.: Training-induced bradycardia in rats on cardio-selective and non-selective beta receptor blockade. Acta Physiol. Scand. **123** (1985) 147–149.

[35] Obina, R., R. Wilson, M. Goebel et al.: Effect of conditioning programm on patients taking propranolol for angina pectoris. Cardiology **64** (1979) 365.

[36] Östmann-Smitz, I.: Prevention of exercise – induced cardiac hypertrophy in rats by chemical sympathectomy (guanethidine treatment). Neuroscience **1** (1976) 497–507.

[37] Petersen, E. S., B. J. Whipp, J. A. Dans et al.: Effects of beta-adrenergic blockade on ventilation and gas exchange during exercise in humans. J. Appl. Physiol. **54** (1983) 1306–1313.

[38] Reybrouck, T., A. Amery, L. Billiet: Hemodynamik response to graded exercise after chronic beta-adrenergic blockade. J. Appl. Physiol. **42** (1977) 133–138.

[39] Rost, R.: Zur Frage der Bedeutung der Betablocker im Leistungssport. Dtsch. Z. Sportmed. **34** (1983) 25–27, 64–67.

[40] Rusko, H., H. Kantola, P. Luhtanen et al.: Effect of beta-blockade on performances requiring force, velocity, coordination and/or anaerobic metabolism. J. Sports. Med. **20** (1980) 139–144.

[41] Sable, D. L., H. L. Brammel, M. W. Sheehan et al.: Attenuation of exercise conditioning by beta-adrenergic blockade. Circulat **65** (1982) 679–684.

[42] Schenk, G. K., E. Lang, M. Anlauf: Beta-receptor-blocking therapy in hypertensive patients – effects on vigilance and behaviour. Aviat Space Environm. Med. **52: (1981) 35–39.**

[43] Schnabel, A., W. Kindermann, O. Salas-Fraire et al.: Effect of beta-adrenergic blockade on supramaximal exercise capacity. Int. J. Sports. Med. **4** (1983) 278–281.

[44] Sigvardsson, K., E. Svanfeldt, Å. Kilbom: Role of the adrenergic nervous system in development of training – induced bradycardia. Acta Physiol. Scand. **101** (1978) 481–488.

[45] Siitonen, L., J. Jänne: Effect of beta-blockade during bowling competition. Ann. Clin. Res. **8** (1976) 393–398.

[46] Simon, G., H. H. Dickhuth, G. Lindscheidt et al.: Hämodynamische und metabolische Auswirkungen der Beta-Rezeptoren-Blockade durch Metipranolol. Herz/Kreisl. **11** (1979) 134–140.

[47] Smolarz, A., M. Glocke, W. Bartsch et al.: Zur Wirkung des Beta-Blockers Metipranolol bei Sportschützen unter Wettkampfbedingungen. Dtsch. Z. Sportmed. **30** (1979) 73–76.

[48] Stegmann, H., W. Kindermann, A. Schnabel: Lactate kinetics and individual anaerobic threshold. Int. J. Sports Med. **2** (1981) 160–165.

[49] Stull, J. T., S. E. Mayer: Regulation of phosphorylase activation in skeletal muscle in vivo. J. Biol. Chem. **246** (1971) 5716–5723.

[50] Videman, T., T. Sonck, J. Jänne: The effect of beta-blockade in ski-jumpers. Med. Sci. Sports. **11** (1979) 266–269.

[51] William-Olsson, T., E. Fellenius, P. Björntorp et al.: Differences in metabolic responses to β-adrenergic stimulation after propranolol or metoprolol administration. Acta Med. Scand. **205** (1979) 201–206.

Die Vorteile der beta-1-selektiven Rezeptorenblockade unter besonderer Berücksichtigung des Diabetes mellitus

F. W. Lohmann

Beta-Rezeptorenblocker sind heute bei der Behandlung kardialer Erkrankungen (die verschiedenen Manifestationen der koronaren Herzkrankheit, bestimmte Formen tachykarder Herzrhythmusstörungen und Kardiomyopathien [14, 16, 18, 24]) sowie zur Behandlung der arteriellen Hypertonie [4, 11, 18, 19, 20] unentbehrlich. Zu diesen kardiovaskulären Zielindikationen für eine Beta-Rezeptorenblockade sind weitere Indikationsgebiete hinzugekommen (Migräneprophylaxe [1, 22, 23], eventuell Pfortaderhochdruck [31]).

Dabei ist der therapeutische Effekt der Beta-Rezeptorenblocker bei diesen Indikationsgebieten an die Blockade der Beta-1-Rezeptoren gebunden, wie es durch die überwiegend beta-1-selektiven Rezeptorenblocker möglich ist [2, 14, 18].

Nicht selektive (gemischte) Beta-Rezeptorenblocker, welche gleich stark Beta-1- und Beta-2-Rezeptoren besetzen, haben keine zusätzlichen therapeutischen Vorteile, sondern schränken vielmehr durch die unnötige Hemmung der über Beta-2-Rezeptoren gesteuerten Organfunktionen die subjektive und objektive Verträglichkeit einer Beta-Rezeptorenblockade ein [13–20].

Die bessere Verträglichkeit der beta-1-selektiven Rezeptorenblocker erklärt sich damit dadurch, daß die vornehmlich über Beta-2-Rezeptoren gesteuerten Organfunktionen (Tonus der glatten Gefäß- und Bronchialmuskulatur, Uterusmotilität, Insulinsekretion, Glykogenolyse in der Skelettmuskulatur, partiell Lipolyse [Beta-1 stärker wirksam als Beta-2]) dabei unbeeinträchtigt bleiben. Dagegen kommt es unter einer nicht selektiven, gemischten Beta-Rezeptorenblockade zu zusätzlichen und unnötigen Begleitwirkungen durch die Blockade auch der Beta-2-Rezeptoren und damit zu einer Störung der über diese Rezeptoren regulierten Organfunktionen. Es kommt unter einer nicht selektiven Beta-Rezeptorenblockade häufiger und eher zum Auftreten akraler Durchblutungsstörungen im Sinne eines Raynaud-Phänomens sowie zur Manifestation einer obstruktiven Ventilationsstörung; weiterhin ist bei Blockade der Beta-2-Rezeptoren die Insulinreserve eingeschränkt und es kommt zu einer Hemmung der Muskelglykogenolyse mit der Gefahr einer Hypoglykämie bei anhaltender körperlicher Aktivität. Es findet sich bei einer gemischten Beta-Rezeptorenblockade eine stärkere Unterdrückung der katecholamininduzierten Lipolyse mit der Folge ausgeprägter reaktiver Veränderungen der Lipoproteine, deren

Metabolismus zudem gestört ist. Die Folge ist ein Anstieg der Triglyzeride entsprechend einer Zunahme der „very low density"-Lipoproteine (VLDL) bei Abfall des anti-atherogen wirksamen „high density"-Cholesterins (HDL). Schließlich bewirkt eine nicht selektive Beta-Rezeptorenblockade eine Störung der zellulären Kaliumhomöostase, da die durch Vermittlung von Beta-2-Rezeptoren erfolgende Aufnahme des Kaliums in die Zelle beeinträchtigt ist [3, 5, 12, 30]. Darüber hinaus ist unter einer gemischten Beta-Rezeptorenblockade eventuell eine vorzeitige Wehentätigkeit möglich, auf jeden Fall aber eine Tokolyse durch Beta-2-Mimetika behindert. Schließlich ist in diesem Zusammenhang noch zu erwähnen, daß gemischte Beta-Rezeptorenblocker im Gegensatz zu den beta-1-selektiven Rezeptorenblockern bei Pfortaderhochdruck einen ungünstigen Einfluß auf die Leberdurchblutung haben können [29, 31]. Auch die Thrombozytenaggregation ist bei Blockade der Beta-2-Rezeptoren erhöht; auch kann die Mikrozirkulation unter gemischter Beta-Rezeptorenblockade verschlechtert sein, da ein beta-2-vermittelter Mechanismus bei der Steuerung der Kapillaroberfläche beteiligt ist [9, 10, 18].

Unter einer beta-1-selektiven Rezeptorenblockade ist eine Kardioprotektion gleichen Ausmaßes wie unter nicht selektiver Rezeptorenblockade im Rahmen der Sekundärprävention nach Myokardinfarkt nachgewiesen worden [33]. Dagegen hat sich in diesem Zusammenhang eine sympatho-mimetische Eigenaktivität (ISA) des Beta-Rezeptorenblockers als ungünstig erwiesen, da diese Eigenschaft der ISA die Kardioprotektion einer Beta-Rezeptorenblockade mehr oder weniger aufhebt [25, 33]. Da sich am Herzen zu über 90–98% Beta-1-Rezeptoren befinden [14, 18, 28], sind die überwiegend beta-1-selektiven Rezeptorenblocker effektiv in der Lage, in Ruhe und unter Belastung den myokardialen Sauerstoffverbrauch zu senken [6, 20] und somit kardioprotektiv zu wirken. Auch die unter Beta-Rezeptorenbockade beobachtete Verbesserung der Fließeigenschaften des Blutes ist in gleicher Weise unter überwiegend beta-1-selektiver Rezeptorenblockade vorhanden [9, 10]. Dieses mag eine Erklärungsmöglichkeit für den günstigen Effekt der Beta-Rezeptorenblokker bei der chronischen arteriellen Verschlußkrankheit sein, die heute keine, auch nicht mehr relative Kontraindikation für den Einsatz von Beta-Rezeptorenblockern darstellt. Auch in diesem Zusammenhang sind die beta-1-selektiven Rezeptorenblocker deshalb vorzuziehen. Das trifft schließlich auch für die sich zunehmend erschließende Indikation zum Einsatz eines Beta-Rezeptorenblockers beim akuten Myokardinfarkt zwecks Infarktgrößenbegrenzung zu [21].

Somit ist festzustellen, daß heute bei Einsatz von Beta-Rezeptorenblockern den beta-1-selektiven Substanzen ohne sympathische Eigenaktivität der Vorzug gegeben werden sollte. Diese Aussage wurde durch die vorangegangenen Beiträge (Hypertonie-Behandlung in der Schwangerschaft, Migräneprophylaxe, Lungenfunktion sowie körperliche Leistungsfähigkeit unter Beta-Rezeptorenblockade) in ihrer jeweiligen klinischen Bedeutung bereits unterstrichen. Diesen Darstellungen ist noch ein klinisch wichtiger Aspekt hinzuzufügen: die Beeinflussung des Kohlenhydratstoffwechsels unter Beta-Rezeptorenblockade. Das ist nicht zuletzt deshalb notwendig, weil sich gerade bei Patienten mit koronarer Herzkrankheit sowie arterieller Hypertonie recht häufig ein Diabetes mellitus findet.

Die Tabelle 1 zeigt die Beeinflussung von Stoffwechselvorgängen durch das sympathische Nervensystem. Dabei sei vor allem auf die unterschiedliche Regulation über Beta-1- und/oder Beta-2-Rezeptoren hingewiesen; im Zusammenhang mit dem Kohlenhydratstoffwechsel wird im folgenden zur Beeinflussung der Insulinsekretion sowie der Glykogenolyse vornehmlich in der Skelettmuskulatur ausführlicher Stellung genommen.

Die unter anderem auch über Beta-2-Rezeptoren aktivierbare Insulinreserve erfährt unter gemischter Beta-Rezeptorenblockade eine relevante Einschränkung, so daß beispielsweise bei stoffwechselgesunden Probanden der Glukosetoleranztest fälschlicherweise pathologisch ausfällt, während dieser Test unter beta-1-selektiver Rezeptorenblockade unbeeinträchtigt bleibt [14, 18]. Bei Patienten mit Diabetes mellitus vom Typ II, die also mit einer Diät oder zusätzlich mit einem oralen Antidiabetikum behandelbar sind, kann es auf diese Weise unter gemischter Beta-Rezeptorenblokkade in belastenden Situationen (Infektion, Operation u. ä.) zu einer klinisch relevanten Dekompensation des Kohlenhydratstoffwechsels kommen. Daher sollten derartige Diabetiker bei bestehender Indikation mit einem beta-1-selektiven Rezeptorenblocker behandelt werden. In diesem Zusammenhang ist noch erwähnenswert, daß der hyperglykämische Effekt der Saluretika (z. B. von Hydrochlorotiazid) bei Patienten mit Diabetes mellitus vom Typ II durch die zusätzliche Gabe eines gemischten Beta-Rezeptorenblockers (z. B. Propranolol) potenziert werden kann [8], so daß sich die Kombination eines Tiazidsaluretikums mit einem gemischten Beta-

Tabelle 1 Beeinflussung von Stoffwechselvorgängen durch das symphatische Nervensystem

Metabolischer Vorgang		Sympathische Rezeptoren +: Aktivierung; ∅: Hemmung α	β_1	β_2
Insulinsekretion		∅	(+)	+
Glykogenolyse	Leber	+	(+)	+
	Muskel		(+)	+
Freie Fettsäuren und Glyzerol (= Lipolyse)		(+)	+	(+)
Reninsekretion			+	(+)
$T_4 \rightarrow T_3$			(+)	+
Sekretion von Parathormon, Kalzitonin, Glukagon			(+)	+

Rezeptorenblocker bei Patienten mit Diabetes mellitus vom Typ II ungünstig ist. Auch in diesem Zusammenhang ist also der beta-1-selektive Rezeptorenblocker vorzuziehen.

Die Behinderung der über Beta-2-Rezeptoren aktivierbaren Glykogenolyse der Skelettmuskulatur durch gemischte Beta-Rezeptorenblockade ist allgemein von großer klinischer Bedeutung. Unter anhaltender körperlicher Aktivität kann es dabei infolge des so bedingten Glukoseverbrauchs bei ausbleibendem Nachschub infolge der blockierten Glykogenolyse zu einer leistungsbegrenzenden Hypoglykämie mit unter Umständen paradoxer Kreislaufreaktion (Blutdruckanstieg, Abfall der Herzfrequenz) kommen [14, 18]. Unter Verwendung äquipotenter Dosen beta-1-selektiver Rezeptorenblocker und einer gemischt beta-1-, beta-2-blockierender Substanz (Pindolol) fanden wir bei Hypertonie-Patienten während ergometrischer Leistung im steady state über 30 Minuten allein unter der gemischten Beta-Rezeptorenblockade mit Pindolol einen ausgeprägten und signifikanten Abfall des Blutzuckers bis in den hypoglykämischen Bereich. Auch der Wiederanstieg des Blutzuckers bei anderweitig verursachter Hypoglykämie ist natürlich unter gemischter Beta-Rezeptorenblockade behindert. Aus diesem Grunde sind heute nicht selektive Beta-Rezeptorenblocker bei Patienten mit einem insulinpflichtigen Diabetes mellitus (Typ I) wegen des dann erhöhten Hypoglykämie-Risikos als kontraindiziert anzusehen. Somit ist unter gemischter Beta-Rezeptorenblockade die Anpassung des Organismus sowohl an einen erhöhten Energiebedarf während anhaltender körperlicher Aktivität als auch in der Situation einer Hypoglykämie infolge der inhibierten Glykogenolyse gestört. Derartige ungünstige Auswirkungen auf den Kohlenhydratstoffwechsel sind vermeidbar durch Verwendung eines beta-1-selektiven Rezeptorenblockers. In diesem Zusammenhang ist nun sowohl in bezug auf den Kohlenhydrat- als auch allgemein auf den Energiestoffwechsel noch die Tatsache bedeutungsvoll, daß die zelluläre Kaliumhomöostase unter gemischter Beta-Rezeptorenblockade gestört sein kann: Stärkerer Anstieg des Kaliumspiegels unter körperlicher Belastung sowie verzögerter Abfall des Kaliumspiegels in der Erholungsphase, da die Wiederaufnahme des Kaliums in die Zelle durch Vermittlung von Beta-2-Rezeptoren erfolgt. Aus diesem Grunde erscheint auch weiterhin eine gemischte Beta-Rezeptorenblockade auch bei der Behandlung eines Coma diabeticums äußerst ungünstig.

Da die zuvor aufgeführten Störungen von Organfunktionen infolge einer Blockade der entsprechenden Beta-2-Rezeptoren durch Verwendung eines überwiegend beta-1-selektiven Rezeptorenblockers weitgehend vermieden werden können, ergeben sich neben der Beachtung der üblichen (absoluten) Kontraindikation für Beta-Rezeptorenblocker (manifeste Herzinsuffizienz, höhergradige atrio-ventrikuläre Blockierung, Syndrom des kranken Sinusknotens, manifeste obstruktive Ventilationsstörung) zusätzlich folgende Konsequenzen:

1. Bei Patienten mit Diabetes mellitus sollte grundsätzlich nur ein beta-1-selektiver Rezeptorenblocker angewendet werden [13, 14, 18, 26, 27, 32].

2. Zur Vermeidung einer belastungsinduzierten, leistungsbegrenzenden Hypoglykämie mit eventueller paradoxer Kreislaufreaktion ist bei körperlich aktiven Patienten ein beta-1-selektiver Rezeptorenblocker vorzuziehen.

3. Dagegen kann es unter gemischter Beta-Rezeptorenblockade nicht nur zum Auftreten einer belastungsinduzierten Hypoglykämie kommen, sondern eine Hypoglykämie hält auch länger an, bzw. wird nur verzögert überwunden. Aus diesem Grunde darf insbesondere ein Patient mit insulinpflichtigen Diabetes mellitus nur beta-1-selektiv blockiert werden [26].

4. Somit bleibt insgesamt die körperliche Leistungsfähigkeit im alltäglichen Belastungsbereich nur bei beta-1-selektiver Rezeptorenblockade weitgehend unbeeinträchtigt. In diesem Zusammenhang ist auch die unter beta-1-selektiver Rezeptorenblockade ungestörte zelluläre Kaliumhomöostase von Bedeutung.

5. Beta-1-selektive Rezeptorenblocker haben darüber hinaus die geringsten und zudem auch nur vorübergehende Auswirkungen auf die Lipoproteine und sind deshalb bei Patienten mit einer primären Hyperlipoproteinämie anwendbar [7, 18, 27] Tabelle 2 zeigt in diesem Zusammenhang das Verhalten der Lipoproteine unter chronischer Therapie mit dem beta-1-selektiven Rezeptorenblocker Metoprolol und dem Kalziumantagonisten Verapamil im intraindividuellen Vergleich bei 18 Hypertonie-Patienten und jeweils 6wöchiger Behandlungsdauer. Es fanden sich keine signifikanten Veränderungen der Lipoproteine sowohl unter Metoprolol als auch unter Verapamil. Das bedeutet, daß bei der Langzeit-Therapie mit beta-1-selektiven Rezeptorenblockern nicht mit nennenswerten, potentiell ungünstigen Veränderungen der Lipoproteine zu rechnen ist, so daß sich die Diskussion über die eventuelle Induktion von arteriosklerose-fördernden Veränderungen der Lipoproteine unter chronischer Beta-Rezeptorenblockade bei Verwendung beta-1-selektiver Rezeptorenblocker erübrigt. Es ist in diesem Zusammenhang noch erwähnenswert, daß durch eine Beta-Rezeptorenblockade die unter einer Therapie mit Saluretika auftretenden Veränderungen der Lipoproteine weitgehend rückgängig gemacht werden, bzw. vermeidbar sind [17]. Grundsätzlich sollte aber aus präventivmedizinischen Gründen vor und unter einer Therapie auch mit beta-1-selektiven Rezeptorenblockern eine Kontrolle des Lipidstatus erfolgen (Trigly-

Tabelle 2 Lipoproteine vor und nach 6wöchiger Behandlung mit Metoprolol (M) bzw. Verapamil (V) bei 18 Hypertoniepatienten

	VLDL			HDL			LDL		
	Ø	M	V	Ø	M	V	Ø	M	V
M	208,6	214,2	172,1	41,3	40,1	47,1	152,5	148,9	143,0
SD ±	146,1	101,8	83,8	12,3	11,8	12,9	38,7	33,1	20,8

Insgesamt keine signifikanten Unterschiede.
Ø = vor Therapie

zeride, Gesamt-Cholesterin und bei pathologischem Ausfall eines dieser Werte auch die Bestimmung der HDL-Fraktion) und eine dabei festgestellte Fettstoffwechselstörung, wie auch sonst üblich, behandelt werden.

6. Darüber hinaus haben sich zur Behandlung der Hypertonie in der Schwangerschaft beta-1-selektive Rezeptorenblocker bewährt. Auch zur Migräneprophylaxe sowie bei dem eventuellen Einsatz bei Pfortaderhochdruck sind beta-1-selektive Rezeptorenblocker geeignet.

7. Auf die unter beta-1-selektiver Rezeptorenblockade günstige Beeinflussung der rheologischen Eigenschaften des Blutes wurde bereits hingewiesen. Nochmals hervorgerufen sei ihre kardioprotektive Wirkung.

Somit ist zusammenfassend festzustellen, daß heute bei dem Einsatz von Beta-Rezeptorenblockern den überwiegend beta-1-selektiven Substanzen ohne sympathische Eigenaktivität der Vorzug gegeben werden sollte. Auf diese Weise ist dann das Optimum an objektiver und subjektiver Verträglichkeit für das Therapie-Prinzip „Beta-Rezeptorenblockade“ realisiert.

Literatur

[1] Andersson P. G., S. Dahl, J. H. Hansen et al.: Prophylactic treatment of classical and nonclassical migraine with metoprolol – a comparison with placebo. Cephalalgia 3 (1983) 207.

[2] Borchard, U.: Pharmakologie der β-Rezeptorenblocker Aesopus-Verlag, Basel 1983.

[3] Brown, M. J., D. C. Brown, M. B. Murphy: Hypokalemia from beta-receptor stimulation by circulating epinephrine. New Engl. J. Med. **309**, (1983) 1414.

[4] Bühler, F. R., G. Ferel: Beta-Blocker zur Hochdrucktherapie in der Praxis. In: Hoher Blutdruck. Gotzen, R., F. W. Lohmann (Hrsg.) Springer, Berlin 1979.

[5] Carlsson, E., E. Fellenius, P. Lundborg et al.: β-Adrenoceptor blocker, plasma potassium and exercise. Lancet **II**, (1978) 424.

[6] Chaitman, B. R., et al: Improved exercise tolerance after propranolol, diltiazem or nifedipine in angina pectoris: comparison at 1, 3 and 8 hours and correlation with plasma drug concentration. Amer. J. Cardiol. **53** (1984) 1.

[7] Cruickshank, J. M.: Klinische Bedeutung von durch Beta-Blocker induzierten Änderungen des Lipoproteinstoffwechsels. In: Beta-Blocker und Lipidstoffwechsel (Schettler, G., G. Assmann, C. Diehm et al. Hrsg.) Springer, Berlin 1984.

[8] Dornhorst, A., S. H. Powell, J. Pensky: Aggravation by propranolol of hyperglycaemic effect of hydrochlorothiazide in type II diabetics without alterations of insulin secretion. Lancet I (1985) 123.

[9] Heilmann, L., H. Kiesewetter, E. Ernst: Klinische Rheologie und Beta-1-Blockade. W. Zuckschwerdt Verlag, München – Bern – Wien 1984.

[10] Kiesewetter, H., J. Blume, F. Jung, et al.: Rheologische Wirkung von Metoprolol bei Patienten mit essentieller Hypertonie. Klinikarzt **15**, (1986) 93.

[11] Kindermann, W. (Hrsg.): Hypertonie. Diagnostik, Therapie und körperliche Aktivität. Kohlhammer-Verlag, Stuttgart – Berlin – Köln. Mainz 1984.

[12] Kullmer, T., W. Kindermann: Physical performance and serum potassium under chronic betablockade. Eur. J. Appl. Physiol. **54** (1985) 350.

[13] Lohmann, F. W.: Die Beeinflussung des Stoffwechsels durch Beta-Rezeptorenblocker. Klin. Wschr. 59 (1981) 49.

[14] Lohmann, F. W. (Hrsg.): β-Rezeptorenblockade. Aktuelle Gesichtspunkte. Springer-Verlag, Berlin – Heidelberg – New York 1982.

[15] Lohmann, F. W.: Hoher Blutdruck im Alter – Bedeutung und Behandlung, In: Aktuelle Themen der Alterskardiologie (E. Lang, Hrsg.) Springer-Verlag, Berlin – Heidelberg – New York 1982.

[16] Lohmann, F. W. (Hrsg.): Zeitgemäße Hochdrucktherapie. Verlag für angewandte Wissenschaften, München 1983.

[17] Lohmann, F. W. (Hrsg.): Stoffwechsel und medikamentöse Hochdruckbehandlung. Versuch einer Standortbestimmung. Urban & Schwarzenberg, München – Wien – Baltimore 1983.

[18] Lohmann, F. W. (Hrsg.): Die klinische Bedeutung der β_1-Selektivität. Verlag für angewandte Wissenschaften, München 1984.

[19] Lohmann, F. W.: Behandlung der Hypertonie unter besonderer Berücksichtigung der Stoffwechselbeeinflussung durch Beta-Rezeptorenblocker. Z. Allg. Med. **61** (1985) 1.

[20] Lohmann, F. W.: Zur Therapie der arteriellen Hypertonie mit Beta-Rezeptorenblockern. Eine Standortbestimmung. Nieren- und Hochdruckkrankheiten **15** (1986) 8.

[21] The MIAMI Trial Research Group: Metoprolol in acute myocardial infarction (Miami). A randomised placebo-controlled international trial. Europ. Heart J. **6**, (1985) 199.

[22] Olsson, J.-E., H. C. Behring, B. Forssmann, et al.: Metoprolol and Propranolol in migraine prophylaxis: a double-blind multicentre study. Acta Neurol. Scand. **70** (1984) 160.

[23] Pfaffenrath, V., O. Sjaastad, J. D. Carroll: Migräne und Betablockade. Verlag E. Banaschewski, München-Gräfelfing 1985.

[24] Platt, D. (Hrsg.): Beta-Blocker in der Geriatrie. M M V Medizin-Verlag, München 1984.

[25] Quyyumi, A. A., Chr. Wright, L. Mockus et al.: Effect of partial agonist activity in β-blockers in severe angina pectoris: a double blind comparison of pindolol and atenolol. Brit. Med. J. **289** (1984) 951.

[26] Ryan, J. R., W. La Corte, A. Jain et al.: Hypertension in hypoglycemic diabetics treated with β-adrenergic antagonists. Hypertension 7 (1985) 443.

[27] Schettler, G., H. Mörl, F. W. Lohmann et al.: (Hrsg.): Metabolische und kardioprotektive Effekte durch Beta-Rezeptoren-Blockade. Springer-Verlag, Berlin – Heidelberg – New York 1983.

[28] Schölmerich, P., H.-J. Holtmeier: Kardiovaskuläre Rezeptoren. Thieme-Verlag, Stuttgart – New York 1986.

[29] Westaby, D., D. J. Bihari, A. E. S. Gimson et al.: Selektive and non-selective beta receptor blockade in the reduction of portal pressure in patients with cirrhosis and portal hypertension. Gat. **25** (1984) 121.

[30] Williams, M. E., E. V. Gervino, R. M. Rosa et al.: Catecholamine modulation of rapid potassium shifts during exercise. New Engl. J. Med. **312** (1985) 823.

[31] Wink, K., A. Staiger, W. Lay: Behandlung des Pfortaderhochdrucks mit Beta-Rezeptorenblockern. Krankenhausarzt **59** (1986) 13.

[32] Wirth, A.: Betarezeptorenblockade bei Diabetikern. Med. Klinik **80** (1985) 441.

[33] Yusuf, S., R. Peto, J. Lewis et al.: Beta blockade during and after myocardial infarction: an overview of the randomized trials. Progress Cardiovasc. Dis. **27** (1985) 335.

Autorenverzeichnis

Prof. Dr. med. L. Geisler	St. Barbara-Hospital Innere Abteilung Barbarastr. 1 D-4390 Gladbeck
Prof. Dr. med. J. Girndt	St. Vincenz-Krankenhaus Abteilung für Nephrologie Auf dem Schafsberg D-6250 Limburg/Lahn 1
Prof. Dr. med. W. Kindermann	Abteilung für Sport- und Leistungsmedizin der Universität des Saarlandes D-6600 Saarbrücken
Prof. Dr. med. W. F. Lohmann	Krankenhaus Neukölln I. Innere Abteilung Rudower Str. 48–56 D-1000 Berlin 47
Dr. med. V. Pfaffenrath	Neurologische Klinik und Poliklinik des Klinikums Großhadern der Ludwig-Maximilians- Universität München Marchioninistr. 15 D-8000 München 70

Sachregister

FSC
www.fsc.org
MIX
Papier | Fördert gute Waldnutzung
FSC® C083411

Kolibri 360 GmbH
Ferdinand-Jühlke-Straße 7
99095 Erfurt, Deutschland
produktsicherheit@kolibri360.de